寻广

味州

星级酒店粤菜美食指南

广州市文化广电旅游局 编著

广东旅游出版社
GUANGDONG TRAVEL & TOURISM PRESS
悦读书·悦旅行·悦享人生

中国·广州

图书在版编目（ＣＩＰ）数据

寻味广州：星级酒店粤菜美食指南 / 广州市文化广电旅游局编著. —广州：广东旅游出版社，2023.4
ISBN 978-7-5570-2960-9

Ⅰ．①寻… Ⅱ．①广… Ⅲ．①饮食－文化－广州②饮食业－介绍－广州 Ⅳ．① TS971.2 ② F719.3

中国国家版本馆 CIP 数据核字（2023）第 028804 号

出 版 人：刘志松
策　　划：广州市文化广电旅游局
策划编辑：蔡　璇　陈晓芬
责任编辑：陈晓芬　方银萍
文字编撰：胡炜斌
图片提供：陈永善　各酒店
装帧设计：艾颖琛
插　　画：黄　莎
责任校对：李瑞苑
责任技编：冼志良

寻味广州：星级酒店粤菜美食指南
XUNWEI GUANGZHOU:XINGJI JIUDIAN YUECAI MEISHI ZHINAN

广东旅游出版社出版发行
（广州市荔湾区沙面北街 71 号首、二层）
邮编：510130
电话：020-87347732（总编室）　020-87348887（销售热线）
投稿邮箱：2026542779@qq.com
印刷：佛山家联印刷有限公司印刷
（佛山市南海区三山新城科能路 10 号）
开本：787 毫米 ×1092 毫米　16 开
字数：290 千字
印张：19.625
版次：2023 年 4 月第 1 版
印次：2023 年 4 月第 1 次
定价：68.00 元

序言：
香鲜粤韵，星级体验

美食是一座城市的集体回忆，来自山川湖海，却囿于唇齿之间。

而承载这舌尖回忆的，有隐藏市井之中的老字号小吃，有散落于城市四面八方的餐馆，有烟火气十足的深夜食堂，更有中西交融、海纳百川的星级酒店餐厅。

广州，依山面海、三江交汇，《晋书》有云："广州包山带海，珍异所出。"山珍海味、丰富食材以及千年商都的东西交汇，成就了广州在美食界的千年盛名，诚如清代大儒屈大均所言："天下食货，粤东尽有之；粤东所有食货，天下未必尽有。"而粤菜，在此基础上应运而生，并成为镌刻在广州文化血脉里的独特基因。

不似京沪的高调光鲜浓烈，不比川湘的鲜辣鲜明热烈，爱吃、会吃、敢吃的广州一直都是吃货心中最热朝圣地，一盅两件的粤式茶楼、热气腾腾的街边排档、高贵典雅的星级酒店……吃出了广州以粤菜为主、兼容并包的多元饮食文化。在这里，没有128G的胃怎敢号称吃货？

从云山珠水到南沙十九涌的大街小巷，镬气鲜香的各式茶楼食肆令人食指大动，星罗棋布的餐厅汇集了粤菜、早茶、火锅、烧烤、湘菜、川菜，以及韩餐、日料，构筑成"由来好食广州称，菜式家家别样矜"的餐饮王国。

从西关沙面到珠江新城的城中闹市，鳞次栉比的星级酒店无间歇地接力呈献了古今珍味、南北菜系、中西美食，打造出"不出广州，吃遍亚洲"的美食天堂。

据《舌尖上的中国》数据显示，以城市为单位，粤菜重镇广州市出镜次数最多；《米其林粤菜指南》也指出："中华各菜系百花齐放，其中粤菜堪称中国菜系的代表，粤菜餐馆踪迹遍及全球，为老饕趋之若鹜，是感受中华饮食魅力不可不尝的菜系。"

其中，星级酒店美食堪称粤菜这顶美食皇冠上最为绚烂夺目的明珠！它既是粤菜中西交融的载体，更是粤菜为世界认知的窗口。

作为全国首个获得"中华美食之都"和"国际美食之都"双料称号的城市，2021年广州市实有住宿和餐饮业市场主体21.8万户，拥有国家白金五钻酒家3家，五钻酒家86家，米其林星级餐厅17家，黑珍珠餐厅16家，星级酒店更有125家之多！

走进灿若繁星的广州星级酒店，仿佛打开了一幅跨越时空、海纳中西的舌尖上的"千里江山图"。你可以穿越千年体验岭南山海丰饶，尝遍世界感受美食西风东渐，还可以细细咀嚼米其林黑珍珠堪称yyds（网络语"永远的神"）的星级味道……

这里有白金五星花园酒店国风与粤味齐飞的"太师捞饭"与"太白醉翁虾"。

这里有白天鹅宾馆用时间与诚意秘制而成的"伊比利亚黑毛猪叉烧"。

这里还有东方宾馆失传廿载重现江湖的传奇"东方不败鸡"。

这里更有中国大酒店复刻的"彩衣红袍"和"煎酿明虾扇"等岭南"消失的名菜"。

这一道道千滋百味的酒店美食，承袭了2000年南粤美食文化的精髓，可尝出珠水的温婉、云山的豪放、荔枝湾的烟火和老西关的至味清欢。

这一座座包罗万象的星级酒店，打开了读懂广州味道的窗口，延续了广州故事的舌尖记忆，见证了中华美食与西洋餐饮的完美交融。

100多家星级酒店飘出的粤菜鲜香，和无国界菜品的异香一起，荟成了这座大都市独有的美食国际范儿，也烹出了广府文化的源远流长。

感受触动味蕾的岭南味道，品鉴动人心弦的广府文化，今天，我们一起登上这艘关于广州美食的时光之舟，品读一本勾勒岭南风味和粤韵鲜香的"星级酒店粤菜美食白皮书"。

这是一本系统、全面、深入推介广州星级酒店粤菜美食的书，在五花八门的广州美食攻略书中，显得尤为珍贵、典雅且"美味"。

我们将呈上四时、五味、佳肴、小炒，为您慢慢烹出50家酒店、300多种粤韵美馔的广州味道，从荔湾、越秀、海珠到天河，从白云、黄埔、番禺、南沙到花都、从化、增城，王牌酒店、粤菜大师共同追溯美食的历史渊源。

我们将借由中西美点、山珍海味、人间烟火，为您徐徐展开一幅酒店顶流美食地图，从虾饺、干蒸、叉烧包、菠萝包到黑松露糯米炒波士顿龙虾、金橘熊猫笋炖鲍鱼、八宝冬瓜盅、古法羊腩煲，从锦绣五仁炒雪花牛肉、金蒜一口牛、蜜汁焗鳝伴清酒鹅肝到葵花鸡、花胶捞咸香鸡、白卤水鹅掌翼、香茅焗乳鸽，人间烟火、南北风味、中西美食携手解构广州舌尖传奇。

美食是无国界的语言，得以窥见一座城市的历史人文、风光情味。而在这一方广州星级酒店的神奇美食王国里，你能穿梭古今，鉴赏中外，品出广州的传奇过去、辉煌当下与绚烂未来。

广东省美食文化交流协会秘书长、美食专栏作家　胡炜斌

目录
CONTENES

食在广州

在广州，吃遍世界

广州，一座以吃闻名于世的城市，美食是她的颜值，而中西交融则是她的独特气质。

滥觞于广州的粤菜历史久远，它有着中国饮食文化的共性，又立足于岭南当地风俗与物产资源，成为这座城市引以为傲的基因与名片。从古至今，粤菜以"食在广州"之名，凭开放包容的姿态融汇东西南北，走向五湖四海。伴随商贸发展，舌尖上的文化成为广州与世界中西互通的独特符号。

汉代发端：粤菜起源藏在南越王宴

　　时空穿梭回2000多年前的西汉时期。在南越王"钟鸣鼎食"宴请群臣的宴席上，美味珍馐样样齐全，菜色丰盛：烤乳猪、蛇羹、白灼贝、捞鱼生……早在当时，南北风味已共聚南越王盛宴。在南越王博物院展示出土的文物中，从御膳珍馐到炊具容器一应俱全，充分说明在当时已经将丰富食材烹制成了佳肴，形成了早期岭南饮食文化独树一帜的风格。

　　唐、宋两代，是粤菜发展史上的一个重要阶段。粤菜作为独立菜系已初具雏形，典籍中可见"南烹"之名，与当时的扬州名食齐名。随着农业和渔业的发展，岭南地区可以捕捞到的海鲜比以前更丰富。被贬广东的韩愈写下的《初南食贻元十八协律》中还记有蒲鱼、江瑶柱等食材。海鲜进入粤菜食谱后，粤菜烹食求鲜的特点更鲜明。《岭表录异》中记载有"吃虾生""姜葱蒸鱼""炙烤蚝肉"等食法。以岭南佳果入馔，是粤菜这一时期的又一创举。每到蝉鸣荔熟之时，南汉王刘鋹便设红云宴，以荔枝入馔，大宴四方。

　　作为千年不衰的通商港口城市，广州在唐宋之际，经济贸易繁荣，对外交往频繁，粤菜与异域美食邂逅融合。如今海珠中路和光塔路一带，是唐朝时的"蕃坊"。来自西域的"胡人"，将香菜、菠菜等外来食材，引入广州，成为广州人的日常食物。在现在的北京路口附近，晚唐诗人张籍曾写下"蛮声喧夜市，海色浸潮台"的诗句，可见彼时的夜市亦热闹非凡。异域美食云集于此，为广府美食的海纳百川、兼容并蓄写下了序章。

明清至民国：
"食在广州"名扬天下

　　清代，"一口通商"的红利让世界商贾云集十三行，全球风味在此频繁交流。广州大厨吸收其他菜系的元素，加以本地化，改良并升级。民国"食品大王"冼冠生曾形容粤菜："挂炉鸭和油鸡是南京式的，干烧鲍鱼和叉烧云南腿是四川式的，点心方面又有扬州式的汤包烧卖……集合各地的名菜，形成一种新的广菜。"粤菜素有兼收并蓄的基因，烧鹅，源于明朝南京宫廷名菜烧鸭；白切鸡，来自淮扬菜的白片鸡。

粤菜同样注重吸收西式美食精华。早在清代前中期，最早的西餐传入中国，就在岭南。现在粤菜里很流行的"焗"，正是英文"cook"的粤语谐音。"不出广州，吃遍亚洲"，在清末已现端倪。1885年，广州第一家西菜餐馆太平馆开张，这也是中国第一家西餐厅。富有创新精神的广州人充分借鉴西餐饮食，研制出炸牛奶沙拉、奶油焗龙虾、红烧乳鸽等"西菜中做"的新美食。蛋挞、莲蓉餐包、香芋餐包等广式餐点也是在西点中的黄油起酥、芝士包、奶油包基础上，改进而成。

清末民初，"食在广州"一说逐渐兴起。粤菜向"脍不厌细，食不厌精"的高端精致化发展，催生出粤菜系的酒楼茶楼文化。第一间现代化茶楼"三元楼"诞生于十三行。清末时，福来居、贵联升、品连升、玉醪春等大字号酒楼，以及陶陶居、莲香楼等茶楼已享负盛名。民国年间，广州长堤一带酒楼兴旺，名菜迭出，文园、南园、谟觞、西园四大酒家横空出世，文园的江南百花鸡、南园的白灼螺片、谟觞的香滑鲈鱼球、西园的鼎湖上素赫赫有名。此时的广州，南北风味并举，中西名吃俱陈，高中低档皆备。这些名菜，是粤菜繁盛的标志，至今都是粤菜餐桌上的珍品。

民国至新中国成立：
粤菜明珠走进高级酒店

如今，"食在广州"名头愈发响彻天下。穿行在广州大街小巷里，从传统老字号到网红餐饮店，随处可见粤菜为生活添上的烟火气，而随处可见的星级酒店，更是以古今珍味、南北菜系、中西美食，为"食在广州"赋予了生猛鲜活的时代活力，为粤菜在国际社会出圈破圈添砖加瓦。而星级酒店美食，在岭南的美食土壤滋养下，也渐渐成长为粤菜皇冠上耀眼的明珠、精致、典雅，光芒四射。

清末至民国，经贸发达的广州开始诞生现代酒店。据考证，广州第一家现代酒店是1888年英法租界沙面岛上的沙面酒店，后改名为维多利亚酒店，凭借巴洛克建筑与让人耳目一新的西餐开启了广州酒店美食新纪元。民国年间，与上海和平饭店齐名的新亚大酒店、有"不夜天"之称的东亚大酒店、以15层64米高度获"广州第一高楼"美誉的爱群大厦和人称"九重天"的亚洲酒店等四大酒店在珠江边逐一开业，将茶楼、餐厅的粤菜正式引入其中，与西餐相互映衬，广宴八方宾客，成就了广州"外滩"长堤的繁华与粤菜登堂入室进入高级酒店的荣光。

新中国成立后，广州迎来新一轮酒店开业潮，27层的广州宾馆、华厦大酒店的前身华侨大厦、东方宾馆、广东迎宾馆等国营宾馆相继开业，镬气鲜香的经典小炒、一盅两件的粤式早茶开始走进酒店宾馆，构建了广州酒店业与粤菜并驾齐驱的发展新格局。

燃情80年代：
开启酒店美食"星"时代

  20世纪80年代，春潮涌动，中外交流与合作日益频繁，我国酒店的接待能力开始捉襟见肘。而广州作为重要的对外贸易城市，每逢广交会期间，酒店一房难求，建设与国际标准接轨的现代星级酒店已是迫在眉睫。1983年，由香港知名人士霍英东与广东省政府合办的内地第一家五星级宾馆白天鹅宾馆正式落成，这一"敢为天下先"的创举引发全国轰动，开启了中国酒店业意义非凡的"星"时代。之后，中国第一家白金五星酒店花园酒店、中国第一家中外合资经营的中国大酒店、白云宾馆等知名酒店如雨后春笋，纷纷破土而出。在随后的30多年时光里，除本土酒店发展迅速外，威斯汀、四季、丽思卡尔顿、君悦、香格里拉、皇冠假日等国际知名酒店品牌也相继落子广州，佛跳墙、芝士焗龙虾、和牛、伊比利亚黑毛猪叉烧等山珍海味、名贵创意菜开始进入酒店餐桌，并借此走进寻常百姓生活，极大提升了高端粤菜的知名度与美誉度。这些酒店"星"势力以传承为本，创新为魂，洋为中用，中西交融，脑洞大开使用环球食材，助力粤菜走出岭南，迈向更宽阔的美食世界。

　　在广州这个酒店与美食相互促进的黄金时代，粤菜依托酒店精美的园林艺术，借鉴西式餐饮的艺术特质，在美学追求上突飞猛进。颜值与美味，一个都不能少。一道备受赞誉的"糖醋菊花鱼"是白天鹅宾馆原行政总厨庄伟佳的扛鼎之作。作为世界级烹饪大师、广东十大名厨之一，庄伟佳在学习西方摆盘之后，交出了"糖醋菊花鱼"这道"粤菜美学作品"，用芦笋作菊花茎，青瓜作叶，番茄汁等化作"泥土"，以鲩鱼或者石斑鱼片作怒放的菊花。当时的加拿大宾客看到这道"糖醋菊花鱼"，惊喜不已，不忍下箸享用。

　　粤菜的就餐环境也在精致化、高端化的道路上不断前行。在花园酒店、白天鹅宾馆、东方宾馆……精美的粤菜配上典雅而美丽的园林，犹如凤凰比翼，琴瑟和鸣，互相成就，更让海内外食客纷至沓来，品味粤菜的高端大气上档次。可以说，星级酒店粤菜美食更加像是舌尖上的艺术，历史厚重，高贵清雅，既可远观，也可细品。

美味当下：
125家星级酒店烹出广州味

《广州商贸业发展报告》（2018）显示，2017年广州住宿餐饮业零售额为1143.24亿元，广州人"吃"出了全国第一；2022年，广州星级酒店数量共计125家，高居全国第二！

这是一个兼容并包的神奇美食世界！美食包罗四海八荒风物，融广府之醇厚，潮汕之鲜腴，北地之浓烈，客家之质朴，西式之甜美，集为广州星级酒店粤菜美食，天下物产尽在其中。

从白金五星花园酒店的国风餐厅桃园馆到白天鹅宾馆的粤菜翘楚玉堂春暖，从中国大酒店的传奇四季厅到广州香格里拉的米其林入选餐厅夏宫，从富力君悦大酒店的黑珍珠一钻奢华餐厅"空中花园"到圣丰索菲特大酒店法式浪漫与中式传统结合的南粤宫中餐厅，囊括绿肥红瘦、饱含千滋百味，用匠人之心与在地食材烹饪出最独特的广州风味。

广州星级酒店以全球各地的别致食材和大师级手笔设计的菜谱，用焕新味蕾和无限的创意，奏响融汇粤菜与其他环球美味为一体的味蕾交响曲，让众多酒店餐厅晋升广州城中名流佳士、异地游客老饕争相打卡的美食圣地。

夹箸一落一起，渐入极上境界。唇齿一品一啖，始绽华宴看趣。

美食，是一座城市的信仰，而酒店，则是这座城市践行信仰的场所。

在这里，你可以品鉴幸福感与归属感爆棚的顶流美食，可以找到逆旅中耳鬓厮磨的舌尖陪伴。

在这里，你可以跨越山川湖海触摸这片土地，通过食物感受气象万千的广州风情。

在这里，你可以借由美食，体验风物闲美饮食可亲，云游五湖四海经历春夏秋冬。

星级酒店里的粤韵风味，是一脉源远流长又历久弥新的岭南情韵，亦是一份远渡重洋中西合璧的豪迈胸怀，更是一种温热动人熟悉又陌生的邻家味道。

　　岁月悠悠，"食在广州"通过林立的酒店香飘四海，生动演绎舌尖上的广州故事。珠水畔，云山下，一幅飘溢鲜香粤韵、氤氲中西风情的广州顶流美食地图，正在为你徐徐展开……

广州圣丰索菲特大酒店

星级酒店的
美食传奇

MEISHI CHUANQI

🍽 花园酒店：
＼ 阅尽千年风华，解锁花城味道 ＼

有人说，住对一座酒店，便可阅尽一座城。

在广州，攀白云山，涉珠江水，游荔枝湾，登广州塔，游历两千年风华，都不如到一家宝藏酒店享受文化与美食的双重盛宴更为立体。

她是广州酒店的天花板、美食标杆、文化殿堂、世外桃源，是广州第一批历史建筑，更是集自然风光、岭南文化、当代艺术、米其林中西美食于一体的白金五星级大酒店，是打开时光之门、解锁花城味道的一把神奇之钥。

活色生香，蔚为大观。花园酒店，是花儿一般绽放于烦嚣都市，吸引各方游客来打卡。她是全国仅有的三家白金五星级酒店之一，从1985年开业至今，享誉海内外三十余载。置身美食之都的花园酒店，擅长以浓厚的岭南文化和让人眼花缭乱的南粤美食，向世界描画"食在广州"的绚丽华章。

花园酒店拥有26个历史文化艺术打卡点，走进酒店，仿佛迈进了一座艺术殿堂。大堂的巨幅镶金壁画令人无比震撼，这幅镶嵌了20万片金箔的壁画，取材自《红楼梦》经典桥段，描摹了金陵十二钗的生活情趣和大观园的繁盛场景，尽显雍容华贵；大堂另一侧的《广东水乡风貌石刻壁

花园酒店夜景

画》，演绎唯美岭南水乡风情画卷。礼宾台两侧的《百美图》和《百骏图》两幅漆画，色彩艳丽，艺术气氛拉满。古希腊爱奥尼克风格的红漆旋转木楼梯是大堂的网红打卡点，方与圆的结合浑然一体、错落有致，与大堂的壁画遥相辉映。

酒店四楼更有国内首个以住宿行业为主题的专业博物馆——花园酒店博物馆，面积1600平方米，馆内可了解到酒店与历史、经济、城市等知识，以及广州酒店业的百年史，还能欣赏邓小平同志和金庸先生为广州花园酒店留下的珍贵墨宝。馆内设有360°的星空顶多功能环幕展厅，带你走进广州花园酒店的璀璨历史。你也可以在此参加各式沙龙活动。

广州花园酒店以花为名，自然少不了都市"秘密花园"的设计。占地2.1万平方米的前后花园，几乎占了酒店建筑面积的一半。后花园仿佛闹市中的伊甸园，亭台楼阁、水榭花台俯拾皆是，处处流淌岭南园林风韵，18米落差的室外瀑布更能让你体验"飞流直下三千尺"的震撼与惊艳。端坐瀑布餐厅，可透过全景落地窗，尽览瀑布美景，且尝甜品，且享飞瀑下的氤氲时光。

桃园馆

桃园馆位于酒店3层，连续5年蝉联米其林指南入选餐厅，以粤式烹饪手法呈现出跨国界及大江南北各式高端粤式融合料理，征服无数老饕味蕾。餐厅以"桃园三结义"故事为背景设计，走进中式大门，越过小桥流水，《桃园三结义》与《三英战吕布》的精美壁画带来的华丽国风映入眼帘，恍如穿越时光回到千年前的盛世华夏。室内装修充满中国传统文化气息，在几棵桃花树的衬托之下，整个餐厅的环境显得十分清新雅致。

桃园馆由名厨温思恩师傅主理，结合全球各地当季食材与粤式烹饪方式，呈献色香味的顶级盛宴。

松针石烧雪花牛

　　精心选用源于澳大利亚顶级5A和牛，细心切成厚度约为1.5厘米、宽度2厘米的小方块状，方便女士优雅食用。选用牛眼肉，此部位的脂肪较为均匀，肉质细嫩，含有不饱和脂肪，避免肥胖，具有较高的营养价值，被视为牛肉中的上品。这道菜烹饪手法也较为创新，师傅先将鹅卵石放于焗炉中以250℃高温烘制，用长白山鲜松针铺底，再加入煎至外焦里嫩的七成熟块状和牛，盖上透明玻璃盖后隔20秒打开，牛肉和松针融合的特有香气缓缓飘出，此时往容器周边加入干冰，仙雾缭绕。品一口和牛，抿一口红酒，口味醇香，入口即化，味蕾由此绽放！

松露冰皮杏花鸡

　　广东人吃饭，讲究无鸡不成宴。肉质嫩滑，鸡皮弹牙爽脆的杏花鸡绝对是首选。杏花鸡肌肉丰满，脂肪分布均匀，其营养成分也高于其他品种的鸡。饲养168天以上的土鸡加工做成的水晶杏花鸡，皮爽且脆，中间夹三片来自意大利、味道清香的黑松露，使舌尖留香更持久。以国外的食材

与广东杏花鸡用粤式烹饪手法制作，盘子周边再搭配上温师傅秘制的姜葱酱和酱油，简直是舌尖上的美味，令人记忆深刻，回味无穷。

功夫陈柑汤

广东人喜欢喝茶、喝汤，故此汤采用茶道的方式呈现，仿照广东潮汕的功夫茶，高汤以独特的功夫茶壶形式呈现，汤由茶壶缓缓倒出，仪式感满满，秋冬季节喝上一口热汤，既滋补又暖胃。陈皮作为"广东三宝"之一，产于江门新会，具有非常高的食用价值，存放越久越甘香珍贵，可做菜、煲汤、泡茶，历年来深受广东人喜爱。温师傅选用新会原只小陈柑、长白山鲜人参、巴基斯坦花胶公作汤底料，加上干瑶柱、走地鸡、新疆贡枣，用矿泉水慢火熬制约3小时而成陈柑花胶汤。陈皮的果香、鲜参的甘味、花胶融化后的香滑混于一体，感觉更清甜可口，营养丰富。

荔湾亭

酒店还有一家地道粤式西关风情主题餐厅——荔湾亭，充满广州本土烟火气。它由名厨主理，荟萃传统手作粤式美点，烹制地道的西关风味。荔湾亭不仅仅是一间餐厅，更是一种生活文化的体验——从味觉、视觉、嗅觉等多个维度打造沉浸式荔湾生活新场景。

来荔湾亭，一定要打卡这9件事才算没有白来：荔湾亭新推出"喜粤•赏味"套餐，包含蒸、炒、煎、焗、炖等9种烹饪方式，一次性品尝老广州的百味生活。

荔湾艇仔粥

艇仔粥源于旧时的一些水上人家，他们撑着小船，在荔枝湾河上贩卖粥品。粥以新鲜的河虾或鱼片作配料，加上烧鹅丝、蛋皮、浮皮、瘦肉丝、葱花、油条、炒花生仁等，吃上一口，各种河鲜的甘甜悠游在舌尖上，海蜇、花生米的爽脆让口感更佳，缤纷无比。

云吞面

　　鲜肉云吞面，是广州人喜爱的传统风味小食之一。其做工精细，馅料丰富，内有猪肉、鲜蛋、虾仁等；云吞面的汤十分讲究，用猪骨、虾子、大地鱼熬制而成的。看似简单的组合却有了意想不到的滋味，不仅外观丰富，而且口感也有层次。

　　除了感受浓浓的广府情，花园酒店里的"瀑布餐厅""庭""名仕阁""锦鲤酒吧""咖啡阁"等品牌餐厅同样能给你的味蕾带来别样的惊喜！

餐厅美食星光时刻

泰安门	米其林二星
桃园馆	米其林指南入选餐厅
荔湾亭	米其林指南入选餐厅
斯蒂勒餐厅	米其林一星

白天鹅宾馆:

粤菜翘楚玉堂春暖

轻倚精美江岸，见证羊城巨变。

广州白鹅潭，珠江在这里划过了一道优美的弧线，三江汇流奔向浩瀚南海。昔日的英法租界沙面岛上，一座白色的大楼滨水而建。有人说她是时代的巨轮，代表中国走向了世界，有人说她像一扇开放的大门，让世界与中国看到了彼此。

她就是开启中国五星级酒店历史的地标性传奇酒店——白天鹅宾馆。

白天鹅宾馆夜景

白天鹅宾馆地理位置得天独厚，坐落于充满欧陆情怀的沙面，独揽白鹅潭优美而恢宏的江岸线。她是我国改革开放后首家中外合作经营宾馆，"世界一流酒店"组织在中国的首个成员，第一家由中国人自行设计建造和管理的现代大型中外合作酒店。开业40年来，接待过包括英国女王在内的40多个国家约150位元首和王室成员。宾馆由霍英东先生与广东省人民政府投资兴建而成，由中国著名建筑设计大师佘畯南和莫伯治共同设计，极具意韵的岭南庭院式设计与沙面的幽雅宁谧浑然天成，堪为大隐隐于市的世外桃源。酒店坐拥共520间豪华客房与套房，多个设计风格各具特色的餐厅和酒吧。

　　酒店中庭的镇店之宝——岭南园林"故乡水"，蕴含"何时归家日，但听故乡水"的家国情怀和"故人情重一江水，南国春深万树花"的桑梓之情。这里流水潺潺，曲径回廊，还有"别来此处最萦牵"与金箔绿瓦的濯月亭、飞流而下的瀑布相映成趣，几十年来吸引无数归国华侨前来一睹芳容。

无与伦比的餐饮体验

　　白天鹅宾馆一直以匠心独运、荟萃中外的美食盛宴蔚为酒店业之典范。酒店内部有7家不同风格的餐厅，分别是"米其林+黑珍珠"双料中餐厅——玉堂春暖，粤式早茶天花板——宏图府餐厅，提供全国各地菜系的风味餐厅，自助餐形式的流浮阁咖啡厅，推出甄选怀旧粤点的丝绸之路餐厅，品味精致下午茶的月兔吧，可以吃到独一无二的榄仁沙琪玛和拿破仑蛋糕的美食屋。玉堂春暖演绎着

玉堂春暖

宏图府

风味餐厅

流浮阁咖啡厅

最为地道精致而又不囿于传统的粤菜风貌，无论是饮誉多年的广府名菜，还是精巧绝伦的手作创意点心，都出自粤菜大师之匠心巧手，每一道美食都在齿颊间流淌着源远流长的岭南味道。玉堂春暖不但接待过布什、尼克松等世界各国的领导人，更引来蔡澜、董振祥（大董）、沈宏非等知名美食家，收获赞誉无数。玉堂春暖连续6年获得"黑珍珠三钻"殊荣，连续5年获得"米其林一星"称号，陆续推出如伊比利亚黑毛猪叉烧、白切葵花鸡、虾籽烧海参和香茅焗乳鸽等创新名菜。对于玉堂春暖来说，成功的秘籍便是：传承、创新与坚守。玉堂春暖每季厨师创作评比后，都会把得奖作品作为当季出品推出，这让玉堂春暖保持着源源不断的创新动力。

月兔吧   美食屋

伊比利亚黑毛猪叉烧

  玉堂春暖对食材有着深度的理解和追求，更在烹饪过程中以互动让色香味在客人面前极致呈现，演绎味觉、触觉、嗅觉、视觉、听觉的"五觉"盛宴。伊比利亚黑毛猪叉烧便是如此。好的叉烧应该肉质软嫩多汁、

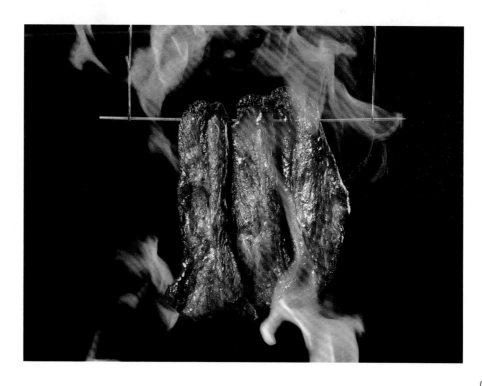

色泽鲜明、香味四溢，当中又以肥、瘦肉均衡为上佳，称为"半肥瘦"。白天鹅这道菜随叫随烧，除了凸显现烧现吃的"鲜热"外，师傅还在你面前即兴完成最后两道工序：用海盐和玫瑰露酒点火烧制，再浇上蜜汁。在食材方面，白天鹅选用位于西班牙中西部的林间牧地畜养的伊比利亚黑毛猪，主要食物是青橡树和西班牙栓皮栎的果实，喂养时间也在一年以上，肉质鲜嫩，具有独特的果香风味。刚刚出炉、带着温度的叉烧风味十足，入口即化，不愧为广州第一叉烧！

白卤水鹅掌翼

白卤水是白天鹅宾馆早期独创的一种卤味。这道菜选用黑棕鹅的掌翼，鹅掌翼经过冷、热两种卤水处理后，在热胀冷缩的作用下，令肉质味道香浓，皮爽肉鲜；再使用从开业起养了近40年的白卤水慢火卤制，清香

不冲，凸显白天鹅宾馆"白卤水掌翼"纯净如初、清而不妍、香而不肥以及自成一格的清雅风味。大凡卤水菜好吃有味，一定要有经年流转的"陈水"，即保留几十年甚至上百年的老卤水，而能让卤水保存几十年不变质的秘诀，就是一定要有专门的师傅每天将卤过料的卤水清渣、去油、冷藏。白天鹅宾馆的白卤水从不加入酱油，但必会有沙姜、玫瑰露酒、甘草、香叶、八角等调料，当然也少不了母鸡、猪骨等传统吊汤的原料，以增加其底味。用白卤水制作卤味，往往使用"浸"，才突出其清雅、香浓。入口卤香四溢，骨肉分离，满满都是软糯Q弹的胶原蛋白。

香茅焗乳鸽

香茅焗乳鸽利用香茅独有的植物香草，为粤菜名菜乳鸽赋予了独特的迷人清香。高温的焗烤，使整只乳鸽皮色金黄，光亮诱人，大厨们利用精

湛的厨艺，使香茅的香味融入肉中，以化解乳鸽之腥味，让乳鸽的口感更上一层楼。趁热入口，嘴里回荡着丰富的香味，乳鸽的肉香、乳鸽皮的焦香，还有清新的香茅香气，绕梁三日，回味悠长。

鲜虾干蒸烧卖

干蒸烧卖是广式早茶"四大天王"之一，以猪后腿、肥肉、虾仁、云吞皮和鸡蛋为主要原料，以生抽、白糖、盐、鸡粉、胡椒粉、生粉、料酒为配料加工制作而成。白天鹅宾馆的鲜虾干蒸均为手工制作，肉馅由人工打制，馅料中的鲜虾仁和猪肉肥瘦比例搭配得恰到好处。每粒鲜虾干蒸口感脆爽，肉质饱满富有弹性，咬下去能感受到肥瘦猪肉的层次，鲜嫩香口汁水丰沛，肉香持久，虾的鲜美同样不会喧宾夺主，而是中和了猪肉的油腻感，提鲜提香，令人回味无穷。

集岭南建筑与园林特色于一体的玉堂春暖，就像一块温润的玉石，散发着柔和、高贵、典雅的光泽，吸引着四面八方的客人，即使到了高星级酒店和奢华食肆比比皆是的今天，玉堂春暖的影响力依然不遑多让，客似云来，一位难求！

餐厅美食星光时刻

黑珍珠三钻、米其林一星——玉堂春暖
米其林一星——宏图府
米其林指南入选餐厅——风味餐厅

🍽 中国大酒店:
╲ 演绎消失的岭南味道 ╱

红色灯笼象征中国文化，鎏金壁画描绘岭南历史，百年菜谱复原南粤真味……

在广州，一千个人心目中有一千个中国大酒店。作为国内首批中外合作的五星级酒店之一，她饱含着古韵、承载着传统、象征着潮流，更以一场场复古的味蕾奇遇，拼凑出"老广"们穿越时光的记忆碎片。

20世纪80年代，南粤春潮涌动，六大港商巨子合作登"陆"，中国大酒店乘着这股春风应运而生，成为中外合作的首批范本和广东第一批具有现代意义的酒店。

彼时，胡应湘老先生亲任建筑设计师，为酒店选址于越秀公园与流花湖公园环抱中的象岗山。不承想，胡老机缘巧合定下的"风水宝地"却挖出了一个尘封千年的"宝藏"。传闻1983年，酒店施工之时，施工人员意外发现了尘封千年的南越王墓，须知三国时代孙权曾出动几千兵马苦寻南越王陵，均无功而返。这是个真正的"宝藏"酒店！这段传奇的经历，预示着中国大酒店亦将成就"王者归来"的酒店传奇。

近40年来，中国大酒店喜庆且带有浓烈中国文化色彩的"红灯笼+'中'字"标志，深植于一代又一代"老广"心中，成为传统与潮流高度融合的象征。而正门外墙上美轮美奂的巨型鎏金壁画也是中国大酒店的特色标志之一。鎏金壁画由知名雕塑家潘鹤先生创作，以"海上丝绸之路"为主题，用金线刻画出109个形态各异的人物造型，向中外宾客描绘出广州历史上"歌舞庆升平，贸易通四海"的海上丝路盛景，亦寓意着当下改革开放的繁荣与包容。

作为国际知名的酒店品牌，传承与创新是中国大酒店不断崛起的内生动力，同时，中国大酒店也将这一基因注入了餐饮板块，打造出四季中国、丽廊餐厅等顶级餐饮品牌。

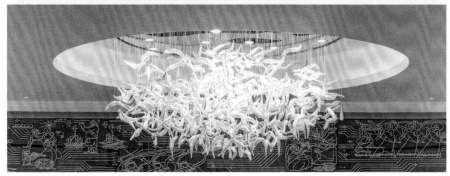

丽景殿

四季中国

　　1984年在中国大酒店开业的四季厅，是改革开放后中国首批三大五星级酒店中餐厅之一。2022年四季厅进行全面品牌升级，升级后以四季中国的品牌焕新亮相。四季中国致力于传承粤菜精粹，创新粤菜未来，传扬千年广府饮食文化，让时光留住广府味，让世界爱上广府菜，成为城市名片及美食地标。

　　四季中国餐厅设计灵感来自千年商都广州，品牌标志以象征花城广州的四季花为造型，运用极具岭南建筑元素的"五行山墙"打造标志骨架，简化后为四个"人"形，代表四季中国以人为本的理念。"四季花"作为主要设计元素贯穿整个空间，随处可见的青花瓷、琉璃花瓶、粤剧头饰等岭南元素陈设于餐厅内，给时尚的餐厅点缀出广府文化气息。华丽精致的内饰和精心布置的吊灯，诠释低调奢华的文化内涵，令宾客在享受精美佳肴的同时，还可细品空间的国潮韵味。

餐厅打造了可容纳288人的大厅和10间VIP包厢，通过移动屏风隔出多个独立空间，灵活多变的空间是举行中小型宴会、会议、酒会、婚礼等的理想场所，可以匹配不同人群的多元需求。作为在地文化的融合者与传达者，四季中国延续1984年四季厅以羊城八景命名的传统，红陵旭日、珠海丹心、白云松涛、越秀远眺、鹅潭夜月、东湖春晓、双桥烟雨、罗岗香雪，以及塔耀新城、珠水流光，餐厅的10间包厢命名上蕴含着历史文化内涵和城市的时代精神，记录着人们对广州历史的记忆和情感。包厢内以古法掐丝珐琅彩工艺打造的艺术画通过对羊城八景文化内涵的提炼，与包厢的装饰设计融为一体，古意盎然，清新淡雅，让宾客置身其中即可领略不同时代的云山珠水，记录着城市腾飞发展的新面貌，感受延绵不绝的岭南人文风情。

地道星级粤菜，就在四季中国。传承千年广府饮食文化，追求时令本味，融合新鲜地道食材，匠心匠意，创新演绎，由粤菜师傅五星名厨徐锦辉领衔团队呈献的茶香烟熏鸡、火焰叉烧皇和广式片皮鸭等多道星级品质招牌菜，以及上百款全手工制作的粤式点心，均能将品味地道粤菜的体验完美升华。

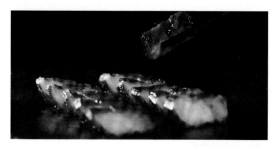

堂切火焰叉烧

　　"消失的名菜"系列菜品和宴席作为餐厅的固定产品和主题宴席，营造沉浸式的用餐体验，从环境布置、器皿、服务员服装、菜肴主题等整个配套均围绕该文化主题进行打造，让客人仿佛穿越百年，感受民国时期的生活方式，来一场粤菜文化之旅。"消失的名菜"体验馆是四季中国餐厅内配套的一个展览空间，该展览空间以"消失的名菜"第一、第二季，"粤色中国"系列中秋月饼，消失的点心等五大主题为单元，通过文字、视频、图片、实物等呈现了"消失的名菜"从项目到品牌的形成历程和成果。相关的古籍拓本、广彩碟及富有岭南特色的项目文创礼品等生动鲜活的展品在酒店公共空间展出，打造文物及文创展示体验的新方式。深入探索文化与餐饮产品的融合，通过故事讲述以及菜品呈现形式，从食材挑选、就餐环境、餐具布置、文化故事到服务流程，提供沉浸式的新型用餐体验，让客人全方位体验广府文化的特色魅力。用"文化+旅游+美食"模式为广大客人提供全新消费场景和生活体验，让时间的记忆在酒店的空间中得到延伸和新生，让"消失的文化与美食"不再消失。

"消失的名菜"第一季——粤席雅宴

　　2020年，中国大酒店与广州博物馆结合品牌活动"镇海楼之夜"，在历史文化建筑原址以"诗会+文化美食"的形式推出"消失的名菜"第一季。酒店中餐行政总厨、广州十大名厨之一徐锦辉介绍，"消失的名菜"系列不仅是"岭南第一宴"，更是中国大酒店与广州博物馆的创新文创美食产品，是星级酒店美食中的"顶流"。

江南百花鸡

20世纪20年代，当时有句歌谣"食得是福，穿得是禄，江南百花鸡胜过食龙肉"。江南百花鸡由当时"四大酒家"之一的文园酒家所创，被誉为粤菜的翘楚。在一块完整鸡皮里，酿入主料为新鲜虾胶的"百花馅"取代原来的鸡肉，鲜爽而甘。用取下的鸡骨、鸡肉做高汤，配菊花煮成上汤玻璃芡，淋到鸡皮表面，最后砌回鸡形。视季节伴上夜香花或菊花上席，更添雅致。此菜尽显广府人对鸡菜式的执着。

五柳石斑

五柳鱼本是清代五柳居饭店的招牌菜，后来传至京、穗、川等地，并被发扬光大。广州人用本土腌菜搭配五柳鱼，形成了酸甜可口的广式风味。此菜选用一斤八两一条的海麻斑制作，先炸至金黄香酥后摆碟淋汁，加上广式特色五柳酱汁，丰富了口味，更增加层次感。徐锦辉还加入苏姜、酸荞头等早已遗失的传统配料，复刻传统风味。鲜美嫩滑的石斑与酸甜开胃的五柳相结合，融山川河海滋味于一体，更能品鉴出中国大酒店对味道孜孜不倦的追求。

"消失的名菜"第二季——粤宴中国

2021年，"消失的名菜"第二季从百年馆藏的民国粤菜经典菜单汲取灵感，"复活"消失的广府名菜筵席。据民国菜单显示，当年最便宜的宴席都要25元/围，最贵的50元/围，一个普通工薪阶层攒一个月的薪资才能吃上一围。"第二季"重点讲述百年前粤菜宴席制式，保留了粤菜宴席中清汤与汤羹搭配的菜单设计理念，更侧重于展现民国粤菜中业已失传或鲜为人知的烹饪工艺技法及蕴含的寓意。在力求高度还原传统粤味的前提下，更增添鹧鸪粥、核桃仙翁奶露等一系列养生膳食菜式，致敬广府味道，诠释现代健康饮食新风尚。

彩衣红袍（古法脆皮糯米鸡/烧金钱鸡）

作为粤宴头牌，彩衣红袍"起皮"须保证鸡皮完整无损、薄如蝉翼，透过"鸡包米"用全鸡裹住糯米油炸，鸡汁和腊味精华被糯米充分吸收，糯米香而软，滋味十足。凤尾的部分是用的传统烧味——烧金钱鸡，将鸡肝、冰肉（肥猪肉）和肉眼长时间腌渍入味，在食材间穿插薄姜片进行串烧，焦香可口，再切成圆块砌成凤尾，凤凰彩衣栩栩如生。

煎酿明虾扇

此菜有两巧，一是构思巧，剖开硕大的明虾压成扇形，并酿入用鲜肉与虾胶调成的百花胶，给人虾内有虾的惊喜之感。二是技艺巧，为保证百花胶与明虾的层次感，剖开的深度须丝毫不差，并以精准的火候控制，明虾壳脆肉厚，干爽美味，无一丝多余汁水，以翠绿的伴菜和橙红的明虾搭配，看似简单，实则精雕细琢。大巧若拙，巧手暖心，尽显广府粤菜的古朴味道。

绿柳垂丝

绿柳垂丝在百年前曾盛极一时，将水鱼的裙边和肉拆骨起丝，拌笋丝、菇丝和味菜翻炒。在外围相伴的就是江太史名菜——戈渣。此菜肴结合现代健康饮食，将传统高油高脂肪的鸡子浓汤，创新地改用海鲜熬浓汤，小火长时间推煮，将汤汁推成糊状，待冷冻后裹粉油炸。酥脆的外壳里，溏心流出，浓缩的汤汁呈现的不仅仅是海鲜美味，更是粤菜的绣花功夫与匠心匠意。

鹧鸪粥

自古民间有"飞禽莫如鸪，一鸪顶九鸡"之说，足见鹧鸪滋补之功效。鹧鸪粥虽名为粥，却不含一粒米，全以鹧鸪拆骨，用鹧鸪骨熬煮高汤，鹧鸪胸肉剁成蓉，加入燕窝和淮山蓉，慢火熬煮，成品口感丰腴绵顺。此菜工序复杂，是早已失传的粤式"功夫菜"。鹧鸪粥作为羹汤，与清汤和合鸳鸯一浓一淡上席，完整展现了传统筵席的规制。

白汁昆仑斑

取鲜嫩龙戥、金华火腿、五头大鲍鱼、冬菇切成薄片，精致地摆回鱼形，算上精准的蒸制时间，淋上传统清汤白汁，肉质弹口鲜嫩、酱汁丰盈，色香味臻于完美，方寸间尽显刀工火候。

锦绣玉荷包

粤式象形菜的经典之作，珍贵之处在于厨师的匠心、匠意及"绣花"功夫，以碧绿的菜叶包裹瑶柱冬菇肉馅，精致得犹如旧时大家闺秀使用的小荷包。清爽美味，如蘸着芡汁吃则口感浓郁。因了蟹肉的鲜美，衬托出猪肉的香嫩，口感丰富，齿颊留香。

甜蜜绵绵（核桃仙翁奶露）

香浓的核桃糊撒上泡发好的葛仙米，口感又香又滑，不但寓意长寿健康，更体现广式糖水兼具文化内涵的特点。

"消失的点心"千层鲈鱼块

中国大酒店作为广式点心制作技艺（酥类）市级非遗保护单位，制作的千层鲈鱼块鲜香酥脆，咬上一口，层层肉香浓郁！此道点心工序极为复杂，口感最为细腻。将面团揉搓起酥，烤出四层起酥的干点，中间放上一件调制好的鲈鱼块，加上榄仁、冰肉等配料，再送入烘烤，一碟咸香酥嫩的千层鲈鱼块即可上桌。松化的千层酥包裹着鲜嫩的鲈鱼块，细品之下还有淡淡的坚果香味。

咖啡奶糕

作为民国时期的网红点心，咖啡奶糕的制作方法与椰汁千层糕相似，一口下去咖啡香与奶香交替，弥漫口腔。兼具咖啡的浓郁和牛奶的香甜，口感冰爽弹牙。中式千层糕与西式咖啡豆完美融合，洋为中用，中西并举。

味蕾尝尽了春夏秋冬，舌尖邂逅着往昔岁月……"消失的名菜"中的每一道菜，仿佛舌尖上的山水画卷，又好似味觉的时空隧道，不止惊艳味蕾与视觉，更演绎了一场让中外饕客陌生而又熟悉的舌尖相遇。

君不知，人世间所有的相遇，都是久别重逢。

酒店美食星光时刻

中国大酒店广式竹升面制作技艺及广式点心制作技艺（酥类）
成功入选广州市第八批市级非遗项目名录
2022年广州国际美食节 岭南名点特金奖——中国大酒店（金鼎鲍鱼酥）
2022年甄选酒店品牌 年度最受欢迎粤菜餐厅——中国大酒店四季中国
2022年广州国际美食节 网络人气餐饮——四季中国
2022年广州国际美食节 年度理想聚会餐厅——四季中国
广州年度最佳餐厅——中国大酒店四季中国
2021年度粤菜名店
"消失的名菜"项目荣获 2021文旅融合创新项目
2021年度红丝绒高星酒店指南——"红丝绒自助餐厅"
2021年"广州十佳婚宴酒店"

东方宾馆：
邂逅舌尖上的东方味道

美食不仅仅是一日三餐、盘中五味，也是人间烟火，城市记忆。

羊城有两座五羊雕像，一座在越秀公园，贵为广州地标。另一座则位于东方宾馆中庭花园茵茵草地上，默默守护着关于广州美食的城市记忆。

开业于1961年的东方宾馆，是广州最具历史的五星级酒店，从名字到细节均透射着东方风韵与匠心虔诚。踏进宾馆，仿似闯入一场穿越千年的岭南梦境，国风国韵俯拾皆是。门楼牌坊以金黄琉璃瓦装点，一对石狮子意韵悠远，威武雄壮；主大堂悬挂历时十余年雕刻而成的大型潮州贴金木雕《清明上河图》，玲珑瑰丽，剔透典雅。

一甲子以来，东方宾馆凭借餐饮出圈破圈，几代餐饮人跨越山川河海，尝遍酸甜苦辣，雕琢四时五味，传承岭南美食，融合粤菜手法与南粤食材，不断擦亮"食在广州"的金字招牌。名菜"东方佛跳墙""东方市师鸡""东方八仁月饼"等几代"老广"记忆中的经典美食，以鲜活为引，以创新为媒，演绎另一个舌尖上的东方味道。

"东方不败鸡"

　　"广州十大名鸡"东方市师鸡是东方宾馆的头牌菜，被誉为"东方不败鸡"。以微沸汤将光鸡文火浸熟，取出后"过冷河"；滤清水分后斩件摆碟；再用老抽、上汤、味料、白糖调成"灵魂酱汁"，淋于鸡上；最后浇上熟花生油，以冷盘上桌。市师鸡品相好，更传承了白切鸡的爽、嫩、滑，虽与白切鸡蘸姜葱的调味方式稍有不同，但皮爽肉滑，骨香入味，风味别具一格。其好吃的关键在于搭配的酱汁与众不同，传统粤菜均以生抽制酱汁，而东方宾馆则另辟蹊径，采用加晒的老抽和其他配料调制浸泡，巧妙地调出鸡的清香，升华了市师鸡的整体品质。

选材与品控亦是市师鸡品质稳定的关键，东方宾馆选用的是150天以上的龙门胡须鸡，厨师长每天都会试吃，如发现鸡品质下降，会立即重新选鸡。选鸡采用盲选，即多名厨师长、采购人员在不知道鸡的品种、产地的情况下试吃、投票。

市师鸡缘起于民国。20世纪40年代，北京路附近有间大排档专卖淋上酱油的白切鸡，因皮爽肉滑而闻名，旁边有所"市立师范学校"，师生常慕名而来，饕客们常以"市师鸡"代称，最终演变成广州名鸡。行政总厨张志强回忆："市师鸡在20世纪60年代时消失了，直到80年代，东方宾馆的老厨师周荣活根据回忆钻研，让市师鸡重现江湖。"东方宾馆推出市师鸡后，成为点单率最高的菜式，高峰期一天卖出200多只，不少移民国外的华人回国后还特地前来品尝。

行政总厨张志强

东方佛跳墙

作为几代"老广"的婚庆记忆,东方佛跳墙将鲍、参、翅、肚、瑶柱等上等食材共冶一炉,加入陈年绍庆酒与上汤同煲,酒的清香与食材的鲜香相得益彰,鲜得小心肝都打战。入口软嫩柔润,浓郁荤香,口感丰富,滋补养颜。

黑松露糯米炒波士顿龙虾

此菜采用创新烹饪方法,先炸龙虾,再与熟糯米、酱料等炒至龙虾入味,最后加入黑松露油炒匀,装盘大气,卖相上乘。珍贵的黑松露与龙虾肉汁水相互成就,油亮甘香的糯米饭打底,鲜甜不可言喻,食之欲罢不能,堪称东方出品yyds。

鸿运脆皮乳猪

采用八九斤重的乳猪手工烤制，鲜嫩多汁，色泽金红油亮，皮脆肉嫩，甘香爽口，香而不腻，堪称东方一绝。

东方鸡仔饼

东方鸡仔饼以猪肉、糖、白芝麻、瓜子仁、榄仁等拌香料为馅，面粉、糖、顶级花生油揉匀做皮烘成。成品金黄油亮、甘香酥脆、甜中带咸。咬一口，蒜蓉的辛香、南乳的鲜香、芝麻的油香、肥肉的甘香从馅中渐次迸射，浓香四溢，萦绕味蕾。

东方皮蛋酥

鲜甜并举的东方皮蛋酥，精选莲蓉、松花皮蛋、风味酥姜、黑芝麻、优质面粉等烘制，成品色泽金黄油润，面呈蚧爪裂纹，入口松化香甜……

无论时光如何流转，东方宾馆始终如初心永恒的魔法师，在东方的意境中演绎着一场场活色生香的味觉魔法。精致食材与上等配料艳遇，幸福味蕾与极致匠心邂逅，推动餐饮社会化、数字化步伐上线特色外卖，联合打造航食、移动宴会服务……"东方系"美食在传承中不断超越自我，塑造广州城永恒的味蕾印记。

千帆过尽，唯有匠心烹制的东方情味，最难忘却。

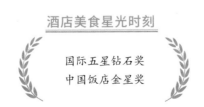

酒店美食星光时刻

国际五星钻石奖
中国饭店金星奖

广东亚洲国际大酒店：

云山美景一眼沦陷，
广州之巅品亚洲美食

从180米高空俯瞰云山麓湖美景，上百种美食带来无国界美食体验……

须臾间，霞光万丈，麓湖霞影、云台花影、白云晚望尽收眼底，而这广州城延绵千年的绝美盛景，竟成了你品味晚餐时窗外的装饰。

一眼沦陷，一口入魂。这恐怕是广州星级酒店中浪漫的天花板了吧？在广州，想要端坐城市天际线一次性打卡最具代表性的亚洲美食，广东亚洲国际大酒店是最佳选择。

蜜汁叉烧

澳门烧肉

坐落于广州"中环"环市东路的广东亚洲国际大酒店，楼高180米，镶嵌绿色落地玻璃的大楼造型独特，宛如一位身披盔甲的武士屹立于麓湖之畔，守护都市的繁华。大厦集五星级酒店、甲级优质写字楼、中西餐厅等多个不同风格美食食府、主题商场及公寓等设施于一体，配套康体设施，拥有室内恒温泳池、篮球场等，是旅行度假、商务会展、饮食娱乐、畅谈乐聚的理想场所。

440间客房位于25层以上，由名师设计，可以远眺白云山，近观麓湖公园，美景一览无遗。客房以简约的设计风格，将时尚与优雅相融合，以艺术为灵感，用简洁的线条与强烈的色调对比，酷意和帅气全面呈现而出的豪华商务客房用"酷""峻""闲""净""颐"，演绎着五种截然不同的心情。配合体贴入微的服务及完善的现代化商务设施，顾客既能感受到家的温暖，亦能体验卓越尊贵商务之旅。

45楼云顶阁旋转餐厅是广州酒店海拔最高的旋转餐厅，拥有360度无障碍视野，180分钟尽享国际美食，登高极目的优势将白云山、麓湖公园以及广州繁华都市美丽景致一览无遗，瞰山望水，岂不美哉。酒店顶层停机坪可私人定制高端派对、小型酒会或西式婚礼。

云顶阁西餐厅推出中西海鲜自助餐，走的是无国界路线。各种不同风格的菜肴，把自助餐包罗万有的优点发挥得淋漓尽致。餐厅提供鱼生、中西日式热盘、海鲜、点心、甜点等超百种，可以尽情放纵，云顶阁西餐厅环境与美食两者结合堪称完美。

　　7楼的亚洲食府装潢雍容大气，融古典与现代于一体，私密性极佳的包厢窗明几净，是广州CBD堪称"颜值担当"的粤菜食府之一。亚洲食府由五星名厨出品，点心现点现做现蒸，还原广府最传统的真味，集鲜香味美于一身，让你从茶市到饭市绝不重样！

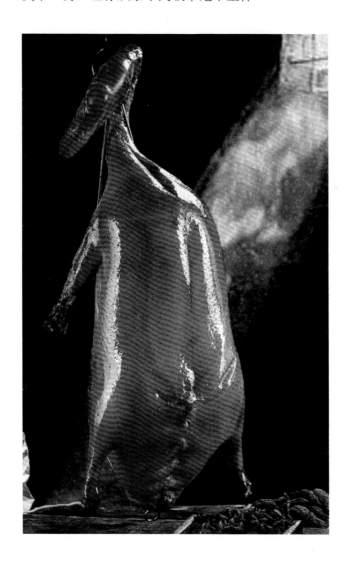

古法秘制烧鹅

　　云顶阁出品的烧鹅采用古法秘制，皮脆肉嫩，一口下去满嘴流油，欲罢不能。以乌鬃鹅烧制，成品腹含卤汁，滋味醇厚。将烧烤好的鹅斩成小块，其皮、肉、骨连而不脱，入口即离，肥而不腻，骨都有味！若是佐以酸梅酱蘸食，解腻之余更具风味。

烧汁百花酿羊肚菌

　　百花源于粤菜中百花胶，因其成品白内透红似百花争艳而得名。所谓百花胶，是鲜虾去壳用刀背敲成虾泥，混入猪肉糜、鲮鱼滑、紫苏叶搅拌均匀，再加入适量的盐、鸡粉、糖、生粉调味后的半成品。百花胶酿于口感细腻温润柔软的羊肚菌中，入油锅烹熟再组合秘制烧汁加广东名酒玉冰烧慢火收汁。裹着百花胶的羊肚菌，搭配百合、甜椒、淮山、黄瓜花清炒，色泽诱人，颜值超高，且清甜爽口，Q弹美味，口感丰富层次鲜明。

金汤玉汁虾饺

　　包裹着大粒虾仁的金汤玉汁虾饺，外皮干爽弹糯，内里汤汁丰盈，可谓是广式茶点界的"一哥"！用筷子戳破开来，"爆棚"的馅料敞开在眼前，万分坦诚。

XO酱蒸凤爪

　　先炸再蒸，整只偌大的凤爪，加入经典的XO酱蒸至软糯，酱香入味，轻轻拉扯，骨头和肉皮就会轻易分离，可口又易食。

传统蜜汁叉烧包

　　掰开叉烧包，肥瘦相间的肉块和富有光泽的浓稠酱汁足料且多汁，让人食指大动。伴着腾腾热气一口咬下，酱汁瞬间充满口腔，叉烧咸甜适中，肉块肥瘦恰到好处，面皮松软而不失嚼劲。

金银蒜蒸排骨

　　"排骨+豆豉+金银蒜"，美味"1+1+1＞3"！排骨、豆豉与金银蒜搭配得相得益彰，并互相成就。饱满的肉质让每一口都得到满足，纯粹的排骨香气横冲直撞进入鼻腔，简单粗犷，却丝丝牵扯着你的味蕾。

黑椒牛仔骨

　　黑胡椒牛仔骨，味道醇厚，肉质劲道，发挥牛肉本身质朴的味道，浓郁奶香味的搭配增加味觉体验。香味沁满口腔的每个细胞，直击你的灵魂。

紫金惹味金钱肚

蓬松的金钱肚饱含酱汁，轻轻一咬，酱汁在口中肆意飞溅。嘴里那阵若隐若现的酱香气味时刻提醒你，刚刚你在早茶堆里打过滚儿。

乾坤脆皮红米肠

薄如蝉翼的肠粉，透着诱人的红色，软滑又有韧劲。一口下去，先感受到外皮的米香，接着是口口酥脆，而酥脆之下藏着厚实大块的虾肉，三重口感充斥味蕾！

酒店美食星光时刻

2011年中国十大酒店质量品牌
2018年国际商旅首选酒店
2020年年度优质商务酒店

白云宾馆：
白云深处粤菜香

　　美食是无国界的语言，也是每个人童年最美的舌尖记忆。

　　以"广州八景"之白云山为意象的老牌五星级酒店白云宾馆，便是以经典"老广味道"和传统广府粤菜打开每个"老广"童年的舌尖记忆。

　　白云宾馆是广州市中心最负盛名的五星级商务酒店，凭借历史底蕴和细致优质的服务、良好的口碑赢得了2010年中国饭店业的最高荣誉"中国饭店金星奖"。宾馆矗立于广州黄金商务中心环市东路，毗邻广州顶级国际品牌购物中心丽柏广场、友谊商店、世贸中心，乳白色的宾馆主楼掩映于葱茏的绿意之中，素雅端庄，仿若都市流光中的一朵白云。2000平方米的前庭花园郁郁葱葱，在车水马龙的环市东商圈形成了一座静谧的"绿岛"，与周边灯火辉煌的摩天大楼相映成趣。

薄荷黑蒜牛肋皇

春花富贵鸡

鼎湖上素

　　别具情调的西餐厅位于30楼，浪漫、幽雅，可鸟瞰整个环市东繁华城景；被评为"中国粤菜名店"的白云轩中餐厅则坐落于大堂左侧，巧夺天工的红木屏风、典雅大气的中式桌椅、古色古香的趟栊门均与白云轩的古朴意蕴相得益彰。白云轩以早茶与传统粤菜著称，出品讲求创意与传统兼顾，厚重却又推陈出新。茶市供应的油角、蛋散、糖沙翁、龙珠饺、蜂巢芋角都是过年的味道，纯手工制作，以匠心复活专属"老广"的古早味道。此外，白云轩的厨师队伍历经数月挖掘失传粤菜的典故与精髓，推出以"老广的味道"为主题的古老粤菜特色菜单，还原岁月深处的粤菜味道。

白云猪手和猪脚姜

　　白云宾馆有两道无法超越的保留菜式：白云猪手和猪脚姜。原料同为猪脚，却演绎出两种迥异的广府风味。白云猪手选取猪前脚，以冰水漂洗一天，捞起后与白醋、砂糖、盐一同煮沸，待冷却后浸泡数小时，即可上桌。食之爽脆嫩滑，酸甜得宜，开胃可口，色香味形俱佳；而猪脚姜则软糯美味、酸甜可口，入口香而不腻，连汤都十分好喝！

老火靓汤

　　老火靓汤是广州人餐桌上必不可少的一道菜，不管春夏秋冬心情好坏，一碗老火靓汤总能清肝明目、补气养颜。

　　白云轩大厨深谙食材搭配之道，以砂煲按照煲三炖四的时间比煲出来的汤，未见其汤先闻其味。赤小豆粉葛煲鲫鱼汤，清热解毒，益气养血；杏汁花胶猪肺汤，润肺化痰，滋补美味；章鱼莲藕煲猪蹄汤，健脾开胃……料足汤甜，充盈妈妈的味道，一口治愈人间所有。

象形拼盘

　　一道20世纪80年代最经典的宴会冷盘菜，带你解锁旧时光的幸福密码。以金牌烧肉、秘制叉烧、桂花扎、海蜇、海草等拼出色泽艳丽的构图。烧肉焦脆松化，叉烧香甜适宜，海蜇爽口浓郁，海草带着丝丝鲜美的海水味道，每一道都是记忆中的味道。濒临失传的手工菜桂花扎值得一试，以鸭肠、叉烧、冰肉（肥猪肉）和咸蛋黄层层叠套后加上蜜糖烤制而成，最外层是鸭肠，中间卷入冰肉，最里层是咸蛋黄，外表赤红，泛着蜜汁，相当诱人。冰肉丰腴甘香，鸭肠有嚼劲，口感层次很足，味道丰富。

海蚌吐珍珠

　　海蚌吐珍珠形如其名，象拔蚌切片搭配吉列鹌鹑蛋、红腰果、蜜豆，造型吸睛且让味蕾惊艳。据白云轩行政总厨陈育坚介绍，这道菜采用传统油泡做法，极为考验厨师的火候掌控度。

古法桂花鱼

这道菜式采用古法烹饪，绝妙之处在于不放一滴酱油，仅以火腿、冬菇、姜作为配料。保留了鱼的鲜嫩细滑，原汁原味。因为烹饪环节繁杂，品尝之前还需提前和餐厅预订。

春花富贵鸡

这是一道从粤菜名厨秘传菜谱中"复活"的失传名菜。不同于白切鸡的"三浸三提"，春花富贵鸡以蜜糖腌味，用猪油双面煎再以花雕酒吊出鸡的原味，猪油的香味与鸡汁味完美融合，味香肉滑。

大良炒牛奶

白云轩的大良炒牛奶采用以鲜牛奶、鸡蛋清为主食材的"软炒法"，辅以榄仁、虾仁、鸡肉。口味清淡，奶香浓郁，任你怎么吃也不腻。

蜜汁焗鳝伴清酒鹅肝

这道中西合璧的创意菜，鹅肝和白鳝的搭配新奇却又意外和谐，充满无限想象。先用清酒浸泡鹅肝入味，鹅肝口感酥软，吸收了清酒香醇浓郁的味道后，更显甘香浓郁。再将白鳝片焗熟，刷上蜜糖，与鹅肝搭配摆碟，入口焦香甜美，极为惹味。

竹笙素菜卷拼南乳吊烧鸡

烧鸡皮酥肉嫩，汁水丰沛，入口先是香脆的外皮，再是鲜嫩的鸡肉和丰富的肉汁，口感丰富。搭配烧鸡的是竹笙素菜卷，清甜的竹笙包裹了木耳丝、胡萝卜丝等各式蔬菜，清爽甜美，有效去除烧鸡的油腻。

白玉藏龙

　　这是极有寓意的一道创意菜。白玉是清澈透亮的白萝卜，选用新鲜大海虾酿入萝卜中，形如匿入白玉中的蛟龙。以鸡汤炖制，萝卜吸收了鸡汤和虾肉的鲜甜，让萝卜味更加浓郁鲜美。虾肉的爽口和萝卜的软滑鲜甜相得益彰，让人食指大动。

锦绣五仁炒雪花牛肉

　　选用极品雪花牛肉，纹路如大理石，油脂分布均匀，甘香可口。牛肉切粒，炒香锁住肉汁，后加入松子仁、腰果、核桃等果仁一起上碟。果仁香脆，牛肉爽口鲜嫩，入口层次感无比丰富。

古法羊腩煲

羊腩煲你吃得多，古法烹饪的羊腩煲吃过吗？选用肥瘦相间的羊腩，用柱侯酱炆制，煮至软烂，嫩滑甘香的羊肉在香浓的酱汁中翻滚，香气四溢，上桌已让人食欲大振。煲中加入腐竹，吸收羊腩煲中的各种汤汁，嗦一口，美味！

黑醋咕噜肉

在传统的咕噜肉基础上升华出了别致的味道。大厨以醇厚的意大利黑醋汁调味，让肥瘦相间的五花肉完全没有肥腻的口感，入口酸酸甜甜，老少咸宜。

酒店美食星光时刻

 中国饭店金星奖
中国粤菜名店

🍽 广州香格里拉：
＼ 探广府美味，赴城中园林 ＼

广州是一座水做的城市。从1000多年前开始，珠水便打通了广州通往世界的窗口，开启了千年商都的底蕴。

坐落于琶洲珠江畔的香格里拉，得益于会展商圈的包容与千年珠水的涤荡，不仅成为广州最为耀目的知名五星级酒店品牌，更以传承粤菜传统、荟萃全球美食的特色征服了来自世界各国的展会客商与老饕。

酒店拥有704间豪华客房/套房及26间别致的服务公寓，每间面积均超过42平方米，可尽览珠江的秀丽风光，亦拥有幽雅的翠绿庭苑，是都市中尽享舒适和愉悦的一方绿洲。8间风格各异的餐厅酒廊依托"亚洲式殷勤待客之道"为旅客们诠释香格里拉之典范。宾客可于妙趣咖啡厅享受可能是广州品类最多的海鲜国际自助餐，于东南小馆不出国门品鉴东南亚多个国家地道风味佳肴，于乐排馆品尝由香格里拉美食团队精心呈献的牛排西餐，

香煎和牛配鲍鱼

澳门碳烧肉

包括2.0版35天干式一般熟成牛排、环球精选肋排、新西兰鲜活蓝鲍鱼等。

最值得推荐的是2022年"米其林指南入选餐厅"夏宫。餐厅位于香格里拉的2楼，名字自带诗情画意，大厅靠窗位可观赏绿野仙踪般的酒店园林和泳池美景，将精致米其林美食与园林美景一并品鉴，可开启一场无与伦比的香格里拉"广府美味，城中园林"美食之旅。

广州作为粤菜的发源地，素有"国际美食之都"称号，物产丰饶，菜品用料广博，美食烹调技艺多样善变，多达21种。为了体现香格里拉国际化、多元化的定位，广州香格里拉夏宫中餐厅一直坚持本心，保证高质量的出品，研发得到国内外宾客认可的新菜品。

中餐行政总厨、中国香港籍名厨陈国雄师傅带领整个美食团队负重前行，融粤菜传统技艺的底蕴与西式烹饪的创造性于一体，传承、创新，努力保持夏宫中餐厅180种菜式出品的水准及一致性。

香格里拉开业以来每年都会推出创意菜品，最成功之处在于引领粤菜界的潮流。比如夏宫研发的红米肠和XO酱，自推出以来就一直好评如潮，

还被同行广泛学习采纳，此外还有夏宫首创的鹅肝片皮鸳鸯鸡，目前已成为广州众多餐厅竞相效仿的创意菜式。陈师傅说，成功的菜品必然会有人学习，"我也很高兴被认可，但我也不会因此停滞不前，我对自己的要求是一定要走在别人前面，创作是一个完善自我的过程，坚持不断地对菜品进行优化、升级，才能不被时代淘汰，这才是真正意义上的创新"。

一方水土，四季更迭。夏宫餐厅甄选和采购上好的本地食材，探索和发现优质的原产地风味与物产，把握每一次精烹细饪，将其融入创新美食体验，不负中国好食材。

广式烧味拼盘

作为16年招牌菜的广式烧味拼盘，采用传统炭烧工艺，融合港式烹饪风格，叉烧选用五花腩吊烧，保持烧味脆皮及原汁风味。

金盏鹅肝片皮鸳鸯鸡

金盏鹅肝片皮鸳鸯鸡是餐厅16年招牌菜之一，甄选黑凤走地鸡，丰盈饱满，皮脆肉嫩，与肥美细腻鹅肝搭配，引人味蕾大开。

金银菜猪肺炖响螺汤

16年招牌菜之金银菜猪肺炖响螺汤，选用新鲜猪肺，配以矿泉水熬制，汤汁清润，适合一年四季食用。

XO酱脆皮鸳鸯虾

入选香格里拉集团八大名酱大厨精选，有港式XO酱和避风塘两种烹饪工艺，保持虾身肉质Q弹，鲜味香口浓郁。

黑松露金沙汁焗老虎虾

　　采用黑松露和越南深海虾为原料，配以陈师傅自制金沙汁烹制，金沙汁由沙律酱、咸蛋黄配以海胆酱调制，外表金黄诱人，味道咸香适度，口感极具弹性。

孜然脆皮牛肩肉

　　精选牛肋肉精华，孜然调香，外脆内嫩，口感均匀。

农家酸菜鱼

　　鲮鱼熬制汤底，选用肉质嫩滑的多宝鱼，配以夏宫自腌酸菜、酸萝卜，经过四川新派手法制作，保持鱼肉鲜嫩和酸菜酸爽。

夏宫皇子炒饭

选用泰国香纳兰香米，米饭颗粒分明，富有嚼劲，搭配入口即化的法国鹅肝粒、飞鱼籽、培根、宁夏菜心粒、紫菜丝和肉松等丰富材料。米饭愈加油润入味，是其成为16年招牌菜的美味秘籍。

始创红米肠

陈师傅的创造灵感来自色彩，始于2007年升级改良的菜品，红色是红米本来的颜色，包了鲜虾仁、韭黄等，非常结实弹牙，刚研发推出即风靡羊城，成为近年广州早茶网红点心。

酒店美食星光时刻

2022年米其林指南入选餐厅——夏宫
2020年年度杰出口碑酒店

广州南丰朗豪酒店：

匠心传承，新派融合

　　广州，沿珠江生长，一路向东，奔腾向海。珠水的温润、辽远，万亩果园的广阔与丰饶，滋养出广州人兼容并蓄的胸怀，以及粤菜中西合璧的独特气质。

　　连续3年荣获"米其林餐盘奖"，北可观浩渺江景，南可赏万亩果园，这家美味与颜值俱佳的星级餐厅，就是珠水之畔、地处琶洲会展商圈C位（中心）的广州南丰朗豪酒店。

明阁餐厅

　　南丰朗豪酒店位于琶洲会展商圈C位，距离名动天下的广交会展馆仅一步之遥。寓意展翅腾飞的外观设计让酒店彰显现代美感，从客房内可将壮观的城市轮廓和珠江美景一览无余。酒店拥有488间客房，所有客房和套房的配套及陈设均以简洁的线条、柔和的色彩透露出现代典雅的风格。

　　匠心传承，新派融合。作为广州星级酒店的美食担当，南丰朗豪酒店为各国宾客提供了多元化的创新美食体验。拥有开放式厨房的豪厨全日餐厅，提供全日制的自助美食及各式环球单点美味；久负盛誉的粤式中餐厅明阁于2019—2021年连续3年荣获《广州米其林指南》"米其林餐盘奖"，是香港米其林星级食府的姊妹餐厅，定期更新时令新菜单，以古今交融的手法为宾客呈现精致的粤式佳肴；半户外的意庐为宾客提供结合经典及本地特色的地中海风味美馔；"星"户外酒廊，则是宾客在室外露天空间，一边欣赏城市景观，一边品尝招牌手工鸡尾酒或是当季特饮的好去处；而大堂酒吧，巧妙地融合了休憩和商务的功能，供应各式茶点，恰到好处地契合繁忙商旅客人休闲办公两不误的要求。

　　走进明阁餐厅，古色古香的屋檐、七彩斑斓的满洲窗映入眼帘，室内装潢处处彰显西关大楼的韵味，陈设的中国现代艺术品流露出独特的东方韵味，脱俗典雅，令美食之旅更添圆满。大厅内悬挂《将进酒》和《过故人庄》两幅大型字画，寓意以酒款待四方宾客，以美食结交各路友人，饮食文化之美、酒之美、饕餮之美尽在其中。

2021年《广州米其林指南》对明阁进行了如下描述："来自香港的主厨周凯芳师傅拥有多年经验，不论传统粤菜或创新菜式均挥洒自如，其中蜜汁叉烧值得一试。餐厅更曾参与多项美食比赛，得奖菜式罗列在菜单上，例如金汤粗粮烩鲜鲍及龙皇披金甲等。"周师傅职业生涯的足迹遍布中国和菲律宾的各大城市，曾为多位国际政要烹饪晚宴，并获得褒奖，包括美国前总统克林顿、菲律宾总统等。作为土生土长的"大湾区哥哥"，周师傅对粤菜有着自己的理解和创意，他充分尊重食材原本口感，坚持以新鲜食材烹饪是成就美味菜肴的关键因素。

　　餐厅设有9间雅致的私人包厢，为商务宴请及家庭欢聚打造难以忘怀的用餐体验。一直以来，明阁餐厅不仅在菜式上传承经典，同时也不断探索最新美食潮流，始终致力于为食客呈现高品质的味蕾盛宴。

明阁周凯芳师傅

贵妃醉

　　"贵妃醉"以荔枝酒入馔，清甜的荔枝果香和淡淡的酒香味分外浓郁。外形仿若刚剥开的荔枝，微微晃动浅白色蒟蒻和花瓣般绽放的草莓切片，宛若画中贵妃，舞起羽衣霓裳，未食便已醉了。贵妃醉曾获2014年朗廷中华厨艺明日之星大赛"高颜值获奖甜品"以及2016年朗廷中华厨艺明日之星大赛亚军。

过桥和牛

　　将切成薄片的西冷和牛平铺在汆熟后的清脆苦瓜片上，以透明琉璃壶盛放清炖老鸡汤和金华火腿炖汤。食用时用浓汤浇在生的和牛之上，遇热即熟的和牛片便鲜嫩无比，搭配香味四溢的高汤和爽脆的苦瓜青，乃是让人欲罢不能的味蕾享受。曾获2017年朗廷中华厨艺明日之星大赛冠军。

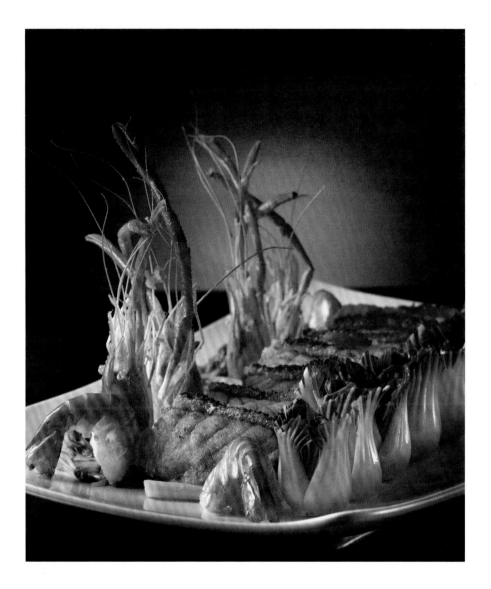

龙皇披金甲

  作为明阁招牌菜的"龙皇披金甲",将虾头炸至金黄,寓意"龙头";连皮的龙趸肉酿入虾胶先煎后炸,外皮酥脆而有韧劲,虾胶鲜甜爽口;以微微拱起的造型生动演绎披着黄金甲的"龙身","龙肉"入口,齿颊留香。曾荣获2009年香港旅游发展局"美食之最大赏"银奖。

锅烧滋补竹丝鸡炒饭

竹丝鸡去骨切粒，加入少量生姜、香芹。鸡蛋白慢火炒熟，再加入米饭慢火炒至金黄，加入汆水后的竹丝鸡粒、配菜以及松子和花雕酒迅速翻炒后放入滚烫的石锅里，利用余温焖熟。石锅牢牢锁住了鸡肉的水分，让整道菜口感鲜嫩多汁且清爽不油腻。

酒店美食星光时刻

2019年米其林餐盘奖
2020年米其林餐盘奖
2021年米其林餐盘奖
2022年米其林指南入选餐厅

广州建国酒店：
致敬粤菜，创新滋味

　　一座屹立于广州东站商圈的五星级酒店，一个大隐隐于市的粤菜圣地。广州建国酒店，典雅、宏伟却不高冷，以传承经典而又不失创新意识的粤式佳肴，20多年如一日迎来送往，宴客无数。

　　广州建国酒店是北京首都旅游集团下属的一家现代化五星级商务酒店。酒店位于广州市天河区，毗邻广州火车东站，耀中广场、中泰广场、东方宝泰购物广场、羊城八景之"天河飘绢"等商业娱乐设施围绕四周，尽享商旅之便。广州建国酒店外观尊贵高雅，气派非凡，内部装修豪华、

设计新颖。酒店建筑总面积为42000平方米，楼层高度为28层，内设400多间豪华客房及宴会厅、中西餐厅、娱乐酒廊、大堂吧、康体中心等配套设施，提供24小时礼宾服务。酒店设有大堂茶座、西餐厅、"涟"日本料理、盈丰阁中餐厅和红人馆娱乐酒廊，分别采用风格各异的现代设计，迎合各种品味要求的客人。酒店内8个独立设计的宴会厅面积分别为90至350平方米不等，可容纳多达300人，会议配套设施齐备，可为八方来客提供方便快捷的服务，让人高兴而来，满意而归。

盈丰阁中餐厅设置有高贵豪华的大厅和座椅，无一不散发着精心雕琢的韵味。6米高的落地玻璃可尽览东站广场花园，景观优美。

才华横溢的星厨团队精心设计了创新复刻粤菜，在致敬经典粤式传统的同时匠心搭配全新滋味。甄选鲜鲍、红腰豆等时令食材入馔，特别推荐客家盐焗鸡、海南鸡饭等经典菜式。

中餐厅

北京烤鸭

　　被誉为"中国第一吃"的北京烤鸭2012年落户广州建国酒店盈丰阁中餐厅，店内烤出的鸭子皮质酥脆，肉质鲜嫩，飘溢着果木的清香。鸭体形态丰盈饱满，全身呈均匀的枣红色，油光润泽，赏心悦目。配以荷叶饼、葱、酱食之，腴美醇厚，回味不尽。师傅现场切片，新鲜不打折，而且网评性价比超高。

果皇鲜鲍红腰豆

　　以传统粤菜烹饪方式"红烩"制作而成，菜式鲜香、软糯，荧色统一明亮，口感惊艳。味型独特，层次分明，主料鲍鱼的鲜香、木瓜的清香、腰豆的软糯香绵互不排斥，且高度融合。加入浓醇的自家鲍汁与各种具有鲜明特点的材料互补，更是相得益彰，浓淡相宜，实为四季首选推广之菜品。

雀巢腰果丁

造型立体，美观大方，味道鲜美，营养丰富；寓意吉祥，蕴意新人共筑爱巢，幸福美满。这道菜曾荣获"广州十佳婚宴特色菜"榜单称号。金黄的腰果酥脆喷香，白色的鸡丁又香又嫩。吃得有点腻了？夹一块清香的黄瓜丁放进口中，刚被腰果腻到的味蕾马上恢复了清爽。

海南鸡饭

皮香肉脆，骨都有味！鸡皮爽脆富含胶原蛋白，鸡肉鲜美嫩滑肉质紧实，再蘸上姜蓉更是美味。最后再搭配浓香扑鼻的椰香鸡油饭，堪称绝配。海南鸡饭曾入选广州酒店名菜谱。

客家盐焗鸡

采用传统烹调方法、特制腌料腌渍，多次涂抹在鸡身予以按摩，味道咸香浓郁，皮爽肉滑，色泽微黄，皮脆肉嫩，骨肉鲜香，风味诱人。

清音宝炖猪蹄

陈皮清音宝采用新会10年老陈皮、大石灯芯草、增城6年咸榄手工包扎而成，具有亮嗓、开声、清肝、润肺的功效。配搭猪蹄等主料，制作出的汤品色泽金黄，具温中益肺、行气消滞、固正气、利咽降燥作用，适合四季饮用。

酒店美食星光时刻

2011年旅之窗年度销售额金奖
2021年度最佳商旅侠推荐酒店

🍽 嘉逸国际酒店：
╲ 粤美味粤健康 ╱

如果说传承是老字号星级酒店的灵魂，那么创新便是星级酒店出圈破圈的关键。

嘉逸国际酒店是坐落于天河北路CBD的五星级旅游饭店，于2004年7月开业，至今已有18年历史。酒店位于广州市天河北繁华商务区和高档住宅区中心地带，地理位置优越，交通便利。酒店楼高20层，设计富丽堂皇，隽永高雅，拥有258间不同类型的客房，皆为静谧休憩之空间。特设有行政楼层、女士楼层和无烟楼层，为客人提供个性化服务。

裕景轩中餐厅位于酒店一楼，餐厅拥有出色的出品及服务团队，曾在2011年至2014年期间连续获得"广州国际美食节荣誉金奖"。裕景轩的每一道菜品均由嘉逸集团餐饮出品总监林新彩潜心钻研，为每道匠心出品赋予了生命。裕景轩一直秉承着应季而食的理念甄选食材，注入匠心的烹饪技巧让来自全国各地的宾客品尝到地道的广府美食。

陈皮鲍鱼烧鹅

以陈皮入馔是粤菜味觉升级的最佳法宝。将时间酝酿而成的醇香陈皮搭配顶级干鲍，放置于精选清远肥身黑棕鹅肚内，经12小时风干，而后送

入烤炉进行1小时的烤制，最终出炉一道皮脆肉嫩、汁水丰沛的极品创新粤菜。这道陈皮鲍鱼烧鹅外皮酥脆、肥而不腻，入口既有浓浓的陈皮香，更有鲍鱼鲜香，还有烧鹅本身的五香味，让无数饕客"食过返寻味，食到舔舔脷"。

贡品海味佛跳墙

"坛启荤香飘四邻，佛闻弃禅跳墙来。" 随着粤菜的崛起与风靡，佛跳墙这道"闽系菜头牌"频繁出现在粤菜酒楼中。但各家有各味，粤菜馆的佛跳墙通常在食材的运用和汤头收汁做法上与闽派佛跳墙有着不同的处理。先将辽参和花胶泡发浸透之后进行隔水蒸焗，再将瑶柱与上述食材用葱姜汁煨制入味，6头鲍鱼用鲍汁煲至入味，将所有准备好的食材摆盘淋上特制鲍汁。整道佛跳墙浓厚醇香，回味无穷。

迷你八宝冬瓜盅

　　广州汤水文化有一个准则：用汤因时制宜，按时令而变。八宝冬瓜盅是夏季时令汤菜，气清色白，冬瓜肉鲜嫩柔软，味清香。所谓的"八宝"，更是冬瓜盅最难以复制的粤菜精华：以冬瓜作为容器炖汤，加入新鲜的虾仁、带子提鲜，搭配莲子、百合等润肺补脾的食材文火慢炖。所谓"迷你"，既保留了冬瓜盅的真材实料，又能减少浪费，浓缩便是精华。揭开"冬瓜锅盖"，氤氲的热气夹杂着冬瓜的清香、"八宝"的鲜香扑面而来，瓜肉鲜美、汤水清甜，鲜香味美瞬间融于口中，实乃清补珍品！

裕景轩精致手工点心

　　一家极品粤菜餐厅，怎能少了美味的传统手作广式点心？

竹笙黄金虾饺

　　店内的销冠点心是竹笙黄金虾饺，颗颗精选的黄金虾仁与竹笙、猪肉完美结合，在餐桌上刮起无与伦比的鲜味风暴！全程纯手工包制，充分彰显了裕景轩点心师傅的匠人精神，每颗虾饺内包裹着至少3颗大虾仁，入口爆汁，猪肉馅的鲜香、竹笙的清香与大虾的鲜甜相互碰撞，让人一口一个大满足。

象形马蹄包

象形马蹄包是翻牌率最高的象形点心。分别将植物竹炭粉和可可粉与面粉混合揉成面团，按照马蹄的颜色分布逐层叠加竹炭粉面团和可可粉面团，然后将提前混合煎炒好的马蹄、冬菇肉馅包入。纯手工捏制出马蹄造型并添加白色面团和可可粉增加层次感。在经过40分钟醒发、上锅蒸5分钟后，新鲜热辣的马蹄包一口带出肉馅的汁水，同时马蹄粒的脆甜口感与冬菇的香气给人带来唇齿留香、回味无穷的体验。

精装点心礼盒拼盘

面对琳琅满目的创意点心，你恨不得自己有256G的胃？放心，御景轩为饕客们用心准备了精装点心礼盒拼盘，内含红米肠、竹笙黄金虾饺、翅汤小笼包、蟹籽大虾烧卖和云南野菌饺，一次过品尝御景轩的所有特色点心，一盅两件，优哉游哉！

酒店美食星光时刻

2011—2014年期间连续获得
"广州国际美食节荣誉金奖"

广州海航威斯汀酒店：
舌尖游走山海之间

　　激滟红尘，味蕾或是最后的世外桃源。我们也许身处闹市，抑或沉沦于职场，但舌尖却可以带我们重回乡野，游走山海，治愈身心与所有。

　　广州海航威斯汀酒店就是繁华闹市中的这么一处静谧的所在。酒店位于天河北商圈，是商务人士和休闲度假者的网红目的地之一，地处太古汇、天河城、正佳广场、万菱汇、广州东站包围的C位，咫尺繁华，却又避世清幽，享低调奢华。

从酒店客房可以鸟瞰天河体育中心，商务洽谈之余可以放松于天梦之床上，聆听明星的演唱会或观赏高水平的国际赛事；亦可欣赏珠江新城无敌夜景，感受湾区天际线上的一抹夕阳。446间超大客房和时尚华丽的套房可让宾客全身心放松，于威斯汀天梦之床上进入甜美梦乡。

酒店拥有4间餐厅和酒吧，包括提供精美粤菜的红棉中餐厅，拥有多个档口提供新鲜健康亲子餐的知味全日制自助餐厅，以及位于顶层、能将城市美景尽收眼底的意大利高级餐厅和能提供小憩、茶点和咖啡打包以及下午茶的大堂吧。

其中翻牌率最高餐厅便是红棉中餐厅。红棉中餐厅主厨游走在山与海之间，将传统的粤菜佳肴与流行的地方美食创新组合并完美呈现，为食客呈献都市人的治愈系美馔。尝万千风味，品人间至味，一蔬一食，皆选自然恩赐。在中餐厅时尚装饰、精美吊灯和金褐色调的环绕下，宾客可尽情品尝包括香草汁煎大虾扒、香葱彩虹桥肋排和古铜香麻鸡等各式美味招牌菜。

红棉中餐厅

春韭椒麻鲜鲍鱼

　　春雨滋润，万物生长，撷一把春天的嫩韭，搭配春季肥美鲜嫩鲍鱼焓拌，特有的春天风味在唇齿间流动，让您感受浓浓的春意无限好。

黑松露翡翠牡丹酿春笋煎烹鸡

　　伴随着阵阵春雷，雨滴散落竹林，伴随着青青竹叶尖的露水及雨水滴落，春笋破土而出。严选鲜嫩肥美春笋，酿入海虾肉配以走地鸡一同煎烹，味美鲜香，春天气息浓郁。

鲜豌豆爆雪花和牛丁

　　含桃豌豆喜尝新，红棉花边已送春。迎春而生，春季特有的鲜豌豆，独有的粉香甜，雪花和牛油脂醇厚，肉香扑鼻，当春季的豌豆吸收了雪花和牛的油脂，两者相辅相成，共同呈现出舌尖味蕾的触动。

香椿芽芙蓉蒸无骨鲫鱼

　　如果说春天是一年之内最美好的季节，那么香椿则是春天里最让人难以忘却的"精灵"，它只在春天悄悄出现，为人们送上专属于春天的美味。香椿嫩芽，散发出独特的香味，用鸡蛋、鲫鱼肉蒸制，新鲜爽滑，独属于春天的味道跃然唇齿之间。

春荠萝卜润炒烧肉

　　要说春天里大家脑海里第一个能想起的野菜，那么应该非荠菜莫属。还记得小时候跟家人一起在山坡、田间寻找荠菜的乐趣吗？荠菜的鲜美可能只有食用过它的人才能记得和回味，因为，荠菜也是专属于春天的味道。新鲜荠菜搭配岭南驰名烧肉，鲜爽甜香，一年仅一次的美食体验，不容错过。

老陈皮茯苓莲子薏米炖乳鸽

春季雨水增多，湿气加重，红棉中餐厅应着"不时不食"的原则，主厨特别制作陈皮茯苓乳鸽汤，祛湿和气，宣肺润肺，是春天首选汤品。

御品乾坤青龙虾

名字霸气、摆盘精致、内涵丰富，有两个经典菜式在其中：贵妃芙蓉雕花蒸龙虾肉和荔枝龙虾球！澳洲天然青龙虾肉质紧实，用陈年花雕和日本天然蛋，加入浓郁的海鲜汤蒸制，龙虾肉鲜甜弹牙。第二道菜展现粤菜特色，岭南佳果荔枝包裹龙虾肉，海虾肉过油轻炸后脆而多汁，鲜果的甜味与海鲜的甜味搭配，一虾二食，重重惊喜。

古铜黄金芝麻鸡

　　无鸡不成宴，鸡即使不是主角但也必不可少。闻起来像咸香鸡的味道，但浅尝一口感觉皮脆肉滑并不咸，味道刚刚好。

古法黑松露鲍鱼

　　出场惊艳，伴随熊熊火焰渐灭，切开盐巴包裹的外衣，掀开盖子，里面竟然是半个大鲍鱼，鲍鱼肉吸收了黑松露汁的味道，咬起来香糯有嚼劲。

酒店美食星光时刻

2010年度最佳顶级奢华酒店
2022年携程美食林甄选餐厅——广州海航威斯汀酒店红棉中餐厅

🍽 广州富力丽思卡尔顿酒店：
＼ 万味奇遇记 ＼

奢味探享，重构味蕾之旅，舌尖奇遇，探索粤菜新意。

当粤式烹饪与环球美食、欧式风情相遇在城市C位，一场神奇的味觉奇遇记曼妙上演。

广州富力丽思卡尔顿酒店地处中央商务区珠江新城，坐拥迷人江景和璀璨城景，高贵典雅的欧式设计展现丽思卡尔顿及其宾客的独到品位。毗邻珠江，靠近广东省博物馆、广州大剧院等地标建筑，与中国进出口商品交易会展馆和广州塔隔江相望，连续9年荣膺福布斯旅游指南五星酒店。酒店拥有351间客房，包括行政酒廊在内的行政楼层及部分客房已于近期全新升级。5间特色餐厅及酒吧，完善的康乐设施及丽思卡尔顿水疗中心，超过3300平方米的宴会及会议空间，包括面积达1209平方米的无柱豪华宴会厅。

作为广州富力丽思卡尔顿酒店的特色餐厅，米其林一星餐厅丽轩致力于为每一位美食家展现精致的粤菜艺术魅力。丽轩始终坚持将粤菜的精粹和丽思卡尔顿式的传奇服务结合，是美食天堂广州的经典之作。

丽轩月门

　　格调古朴典雅的粤式主题餐厅，拥有8个半开放式包厢和6间贵宾房。在这里你可以品尝精致的粤菜佳肴，精心挑选的菜单由传统及新派佳肴组合而成，同时也注重每道菜各自色、香、味及口感的多方面平衡。中餐行政主厨黄尚烽师傅从业20余年，工作足迹遍及广州、深圳、东莞、北京、武汉等地区，除广府菜，黄师傅同样擅长潮州菜。在多元的烹饪环境浸润下，黄师傅逐渐形成了自己独到的烹饪风格，他尊重传统烹饪理念，亦擅长将一些地道的风味融入精致饮食中，讲述的不仅是美食风情，更是一段独特的经历。

　　在全球化的今天，丽轩有幸可以获得环球食材，无论是澳洲的大网鲍、新西兰的帝皇鲑，还是闽南深山中的小山橘，甚至是熊猫最爱的甜龙笋，这些来自不同大洲及海域的特色食材，黄师傅以粤菜烹调技艺赋予其全新灵魂，融入自身对粤菜的情怀及领悟，为羊城食客带来神奇的"万味奇遇记"。

丽轩包房

柠香黄鱼花胶汤

取石九公、石斑鱼、东海大黄鱼煎香熬汤，浓缩了石九公的鲜甜滋味、石斑鱼的丰富胶质与大黄鱼的清香鲜嫩。加入花胶、竹笙，在熬出奶白的汤色后，以柠檬叶提香。压轴用一滴马爹利生命之水干邑点缀，赋予汤汁如醇酒一般前中后调的口感层次，浓厚香滑，鲜美甘甜。

清汤硼砂牛腩

牛肉中薄软胶质与瘦肉层层相间的部位，口感爽滑，被称为"硼砂牛腩"。搭配传统牛骨、竹蔗等食材之精华熬制5小时的高汤汤底，嫩滑绵润，鲜香四溢，是一道不可错过的粤菜经典。

私房珍味荔枝鸡

对于"无鸡不成宴"的广州人来说，这道菜品的好坏可谓是判定一家粤菜食府是否出色的依据，丽轩的私房珍味荔枝鸡是餐厅最引以为傲的招牌菜之一。为丽轩专供的清远农场坐拥整片荔枝林，在210天内放养、圈养相结合，如此鸡的体态才会丰满又不至于脂肪过多。制作时将鸡浸泡在用20余种材料秘制的调料中，烧开后保持25分钟，保持鲜嫩可口的肉质，搭配着丽轩自制姜蓉或沙姜酱油一起吃，别有一番风味。

香草汁煎大元贝

黄师傅甄选来自獐子岛鲜活带黄的特大级元贝，每只重达一斤，需要漫长的生长周期方能达成，将其香煎至金黄色；酱汁搭配则从广府传统炒螺手法中获取灵感，选用金不换、豆酱及蒜蓉烹制而成。口感饱满弹牙的元贝佐以惹味十足的老广酱汁，双重鲜美溢于唇齿之间。

黑松露汁捞山药面

这道菜品的巧思在于和面时加入鸭蛋清和铁棍山药，使得面条爽滑而有韧劲，口感非常独特。肉酱则是选用了鸡汤、肉碎、黑松露酱混煮调制而成，最后以新鲜黑松露点缀，柔和的香气充盈口腔，带来别有风味的美食记忆。

金橘熊猫笋炖鲍鱼

江南喜食冬春竹笋，闽粤大地也有独特时令食材。从化飞鹅山熊猫食用竹基地内夏笋珍品——甜龙笋藏身于此。栉松风沐晨露，历经初夏日照，与一场场夏雨浸润之后，笋香生而笋尖呼之欲出。丽思卡尔顿酒店丽轩中餐厅的黄师傅踏着雨迹晨露入林，寻得刚刚出土的甜龙笋中的至鲜一批，从笋尖到笋根鲜嫩无渣，清香爽口，不负"金衣白玉，蔬中一绝"美誉。

甜龙笋原产于东南亚热带山区，今育于广州从化飞鹅山熊猫食用竹基地，因而获别名"熊猫笋"，以山泉水灌溉，纯天然生态种植，采用物理无害驱虫，无施放化肥和农药等。笋肉质鲜嫩，清甜爽脆，无涩味，不麻舌，并可生食享用，达到专供国宝熊猫食用级别。甜龙笋中富含蛋白质、氨基酸、脂肪、无机盐等人体必需的营养物质，是蛋白质含量高的竹类品种之一。

黄师傅遵循时令韵律与食材本真原味，融合煎、炒、煨、炖独特技法，写意山野清鲜，呈现多款创意新品，6月至9月期间为最佳赏味时期。

煎烹3头鲍伴油焖熊猫笋

上乘3头翡翠鲜鲍鱼以鸡肉、猪骨低温慢火煨制12小时，再以金华火腿茸、小葱等煎焗，鲍鱼鲜香彻底释放，醇而不腻，搭配鲍鱼原汁焖煮过的熊猫笋，更是鲜中带甜，回甘久久徘徊味蕾。

酒店美食星光时刻

2018—2022年蝉联米其林一星餐厅

🍽 广州富力君悦大酒店：
寻味珍馐，悦赏滋味

当璀璨夺目的夜色汇入奔流向前的珠江，传统与创新的对话在此上演；当粤菜西点的鲜香醺醉熙熙攘攘的羊城，中西合璧的思辨激荡千年。一年又一年，绚烂珠江畔，花城广场边，广州富力君悦大酒店空中花园为四方宾客呈现兼具个性且不失传统风味的佳肴。

广州富力君悦大酒店是凯悦酒店集团继北京、上海后，在中国内地的第四家君悦品牌酒店。酒店坐落于国际性CBD珠江新城，毗邻广州大剧院、广东省博物馆、海心沙、花城广场，距中国进出口商品交易会琶洲展馆和广州火车东站20分钟车程。酒店建筑设计融合了出色的现代风格与四通八达的特性，让酒店与广州城市会客厅——花城广场巧妙地融为了一体。典雅优美的大堂设于22楼，可饱览广州塔和花城广场的无敌美景。酒店拥有368间客房、5个餐厅及酒吧、1个大宴会厅、7个多功能厅，还有健身中心、泳池以及水疗中心SPA。

广州富力君悦大酒店行政副总厨林永劲师傅拥有17年的厨师工作经验，先后在广州、深圳、上海等一线城市的酒店餐厅工作，吸取了先进的餐饮理念并融会贯通形成自己的烹饪哲学。

坐落于酒店23—25层，入选米其林、黑珍珠一钻的双料餐厅——空中花园，秉承"忠于传统味道，擅于新式呈现"的料理哲学，带领无数宾客体验了一场场兼具经典与创意的珍宝级美味之旅。

行政副总厨 林永劲

空中花园包房

空中花园由国际知名室内设计公司Super Potato担任设计，位于双子塔南塔顶两层，通过空中悬桥——关系酒廊与酒店主楼相连，坐拥珠江新

城及花城广场的怡人景色。花园布置有原始顽石、绿意盎然的竹林，一出电梯门，就能感受到浓浓的园林气息和闲适野趣。空中花园设有12间风格各异的时尚包房及一间典雅大厅，大小不一，各具不同的主题，从兵马俑到传统中国茶具，从中国陶器和瓷器到现代温馨的书房，都将中国传统文化与现代设计灵感完美融合。新派中式装潢设计，设有古色古香的木质桌椅和多排落地书柜，极具文艺格调。璀璨珠江新城夜景、顶级美食与奢华环境，让空中花园成为城中吃货必去的朝圣地。

烈焰竹炭雪花牛肉

这道菜是行政副总厨林永劲林师傅的匠心创意料理。文火慢炖5小时的霜降雪花牛肉条裹入荷叶，放置于竹炭之中为客人呈上，林师傅再当场点燃竹炭，彼时，荷叶的香气已层层渗入纤维之间。敲破竹炭后，客人享用到的不只是鲜嫩醇香的食感，还有一份寄托火红寓意的仪式感。

冰烧三层肉

在开胃先锋的带领下，味蕾逐渐打开，风味物质如漫天星光，笼罩舌尖。此时，更多的蛋白质和脂肪已然就位，等待把味觉引往九重天外。空中花园名品冰烧三层肉，精选河源紫金的蓝塘猪，色艳味美、皮薄肉嫩，严选此猪的五花腩肉部分，经过三次烧制，皮香脆，肉酥软，蘸白糖食用，脂香和焦香在咸甜中轮番登场，泾渭分明，却又不分彼此。

黑胡椒香葱爆龙虾

来自深海的小青龙，个头虽小，但生猛鲜活，肉质饱满紧实。当它遇上"葱门三杰"——洋葱、干葱、小葱，鲜香曼妙，不言而喻。师傅同时加入自制黑椒黄油爆炒，以粤菜中的大绝招镬气加持，"惹味"二字，当之无愧。

松茸竹笙炖花胶

雪裙仙子山中坐，菌中之王斥林香，海洋人参嫩不菇，自然煮烹淡也浓。

帝王风范三部曲

阿拉斯加蟹肉质细嫩鲜美，蛋白质含量丰富。由三种不同做法做成，呈现不同风味，令人食指大动。蟹腿辅以椒盐炸至酥脆，脆香可口；蟹身以鲜肉酱汁蒸制，十分爽口；余下部分取肉，加入花雕酒、龙虾汤和鸡蛋蒸制，入口滑嫩之余有淡淡酒香。

宁德大黄鱼

来自"中国大黄鱼之都"宁德，其肉质肥美鲜嫩，且含有丰富的蛋白质。真正的大黄鱼须经过5年以上培育，重量在2斤以上，长度达45厘米以上。靠围网放养而产出的大黄鱼，鱼体呈现金黄色，鱼鳍长，尾巴齐，鱼肉呈蒜瓣状，口感细腻鲜甜。

酒店美食星光时刻

2019—2022年蝉联黑珍珠一钻餐厅
广州米其林餐盘奖餐厅

🔔 广州圣丰索菲特大酒店：
╲ 开启法式浪漫风尚之旅 ╱

探访四时，以时令入馔。味从山海，品寰球飨宴。

当传统粤味遇见法式时尚，灵动的五羊跃然于鸢尾花丛，在饱含绚丽色彩的浪漫憧憬里，品一口馥郁绵软的中法融合美食，一段浪漫的法式风尚之旅，从广州圣丰索菲特大酒店开启。

广州圣丰索菲特大酒店位于广州繁华的天河CBD商业和购物中心地带，酒店包括493间客房与套房，设计风格融合了亚洲的现代时尚及巴黎的别致，所有客房和套房均能俯瞰天河区的都市繁华。独有的索菲特MyBed™床具舒适柔软，让每位入住宾客酣甜入梦。法国著名品牌法国浪凡沐浴用品让你舒缓身心。客房里配备了文化菜单，让你在享受客房舒适的同时，还可以阅读法国文学、艺术、设计、时尚及美食类书籍，欣赏法国音乐，学习品尝葡萄酒。

从融合法式烹饪美学及当地特色的高级料理到别出心裁的艺术展览，从标志性的燃烛仪式到劲爆的音乐表演，索菲特酒店融合了本地和法式艺术表现形式，打造出愉悦身心和增长见识的璀璨文化之旅。酒店以创新烹饪手法演绎现代中法餐饮新风潮，"2 On 988"全日制餐厅、南粤宫中餐厅、香榭丽舍扒房、巴黎8号酒吧及马T尼大堂吧等餐厅为宾客呈献浪漫的法餐、中餐与各国美食，让你舌尖漫游法兰西。

其中"2 On 988"全日制餐厅设置全日自助餐，琳琅满目的海鲜不仅让人大饱眼福，还能大快朵颐！包括泰国九节虾、鳌虾、甜虾、新西兰青口、各式鲜活本地季节海鲜、现开法国生蚝等。经常上演的现场金枪鱼开鱼仪式，更为饕客们的寻味之旅添了意外的惊喜。自助晚餐更是加入各式广东元素，甄选时令食材结合广东特色，以美食带你领略风味人间。

品味大自然的礼赞，香榭丽舍扒房食鲜季给你从海洋到餐桌的饕餮之享。特别呈献的豪华海鲜拼盘及五道式海鲜套餐汇集鹅肝、波士顿龙虾、法国生蚝、鱼子酱等鲜味珍品，邀你赏味。香榭丽舍扒房荣获2021—2022年携程美食林金牌餐厅荣誉，匠心独运，传承经典，潜心烹制法式风味，别具一格，赋予味蕾多重惊喜。扒房拥有技艺高超且极具创意的厨师团队，将膳食优雅地转换为振奋人心的烹饪艺术和灵感之旅，菜单推陈出新，搭配索菲特葡萄酒之选，探索不断变化的味觉世界，供你享受全新的法式美食体验。优雅现代的扒房设有两个步入式酒窖，一个开放式厨房，可俯瞰都市繁华的私密用餐空间，缔造难忘的用餐体验。

法式优雅与中国传统的完美结合，精雕细琢的南粤宫中餐厅给你带来奢华享受，是商务宴请的理想选择。南粤宫中餐厅以古典与现代结合的中式装潢，融合酒店浪漫的法式风尚，让餐厅出品成为广州最具法餐味道的粤菜名店。步入餐厅，浓郁的中华古典气息扑面而来，红色的大红艺术灯

南粤宫中餐厅

笼喜庆而不失时尚，极具现代意味的造型勾勒出时尚的气息。"南粤宫"三字采用西汉篆书题写，logo以"粤"字作了西汉南越国女子身披汉服袅娜起舞的变体，极富华夏古典气息，让人仿佛置身2000多年前富丽堂皇的西汉南越王宫。其出品以岭南珍馐美馔，以及中国多地精选特色佳肴为主，依循时令，探求真味。在这个充满美食的城市里，南粤宫属于一个独特的类别，得益于改良的传统粤菜及精选的中国其他地方的特色菜式。别致的红、黑色装饰加上闪亮的开放式厨房，让就餐充满尊贵和优雅。

屡获殊荣的广东大厨用超过四分之一世纪积累的技艺烹饪最好的食材。南粤宫中餐厅行政总厨邹军成长于粤菜饮食名城——广州，身为广东人的他对美食有着与生俱来的敏锐触觉，对味道也有着近乎严苛的追求。邹师傅擅长在美食中注入家乡味道，结合西式灵感，在餐桌上挥洒烹饪艺术。除了秉承传统，他也从未停止创新，以一颗匠人之心，用精湛的厨艺为粤菜经典口味赋予现代雕琢，实现对色、香、味、形的完美诠释。

20年太雕黑豚肉蒸膏蟹

精选四川精品黑毛猪五花肉，配以马蹄粒、冬菇粒、陈皮粒作为辅料提升口感，加入选自原产地绍兴20年的太雕黄酒，赋予这道菜浓郁香气。当黑豚遇上膏蟹，碰撞别具一格的口感风味，"鲜美"协奏曲唤醒舌尖。

火焰双葱爆雪花牛肉粒

　　将喜马拉雅玫瑰岩盐、山东章丘大葱与本地红葱头爆炒，激发浓郁葱香气息，搭配有着精致雪花纹理的澳洲5A级雪花牛肉，牛肉自带的香甜搭配丰腴葱香，润而不腻，口感细腻，食之唇齿之间满是肉香。

龙袍加身玉玲珑

　　作为南粤宫中餐厅招牌菜之一，烹饪工序复杂且讲究。甄选八两的澳洲小青龙起肉，搭配帆立贝，加入农家土鸡蛋和九节虾熬制的高汤，20年花雕酒混合蒸制的鸡蛋底滑润鲜甜，最后以饱满的千岛湖鱼子酱点缀，绵密滋味使得这道菜整体层次更加丰富。

海胆酱老虎虾球

　　食材选用品质上乘的北海道海胆，味道鲜美，入口即化；海虎虾的肉质紧实爽口。邹师傅采用返璞归真的烹饪手法处理珍贵食材，用心剔除虾线，肉质饱满的虾球以七成油温炸好，裹上一层邹师傅巧手炮制的海胆酱和花生碎，无须复杂调味便可凸显食材自身的清甜。虾肉脆而弹牙，再用哈密瓜垫底，别出心裁的鲜香丰富了口感，一口入喉，妙不可言。

芝士奶油焗波士顿龙虾

　　采用鲜美的波士顿龙虾，精选新鲜的虾肉，肉质饱满爽口，奶香芝士与鲜甜龙虾相得益彰，烘托出无与伦比的鲜美口感。垫在盘底的伊面柔韧筋道，吸收了芝士和龙虾的精华，啜一口浓香弥漫口腔，人间至味欲罢不能。

酒店美食星光时刻

2012—2013年度中国百佳酒店
粤港澳至尊五星酒店"铂金奖"
亚洲十佳五星级酒店中餐品牌

🍽 广州W酒店：
╲ 极致时尚，玩味碰撞 ╱

前卫、未来感、潮奢、时尚、国际范······

提起这几个关键词，客人们第一反应便是W酒店。

作为万豪系酒店中的时尚天花板，广州W酒店不仅在建筑、客房、服务中处处彰显前卫品牌的设计感，还将其品牌特质中"敢于跨界"的时尚元素大胆融入美食板块。所谓：酸甜苦辣，鲜咸清甘，人生百味，皆可玩味！

广州W酒店坐落在广州繁华商业街区珠江新城，是广州融汇娱乐、商业和设计的潮流中心。众多全球500强企业和豪华购物商场与一些中国最古老的文化珍宝并肩屹立。酒店拥有317间客房与套房，带来全方位的现代时尚生活方式体验，巧妙映射出广州这座古老城市在现代经济爆发式增长过程中所拥有的独特活力与个性。

　　作为中国内地首家W酒店，她拥有前卫的建筑外观配以充满时尚活力的室内设计，进门处19米高的LED水幕瀑布，让客人从走进酒店开始便可感受到W酒店的时尚无处不在。广州W酒店通过其独特的前沿建筑设计和现代内饰风格，将广州的历史文化特色与现代都市风情融汇交织在一起。酒店的建筑外观由一手打造广东省博物馆等著名地标建筑的知名建筑师严迅奇设计，大量使用时尚的黑色玻璃配上特别定制的灯光设备，远望犹如绚丽闪耀的黑曜石。酒店入口处则坐落着由Wet Design设计的19米高照明水幕瀑布，视觉效果让人叹为观止。这个融汇灯光、线条与色彩的艺术品令人不禁联想起印象派大师们的绘画。

　　广州W酒店的客房与套房由获奖无数的设计公司Yabu Pushelberg打造，在喧闹繁华的城市之中营造出一片舒适的休憩空间。从"奇妙客房"到"顶级惊喜套房"，广州W酒店一共为全球旅行者打造了7种不同类别的房型。广州W酒店还在广州开创先河，率先在所有客房与套房的浴室中都安装了智能感应设备。此外，客房中还配备招牌的W Bed睡床、装有诱人小吃的零食百宝箱、46英寸高清液晶电视、先进的环绕立体声系统、高速无线网络和即插即用的MP3播放器等。所有浴室都配有Bliss品牌沐浴用品，确保宾客在一天尽情购物或一整晚尽兴娱乐之后享受到无比放松的体验。

　　在此不难找到适合每位客人尽情享受的地方，充满设计元素的酒吧与餐厅呈献各国料理、美酒佳肴，充分演绎了广州多元化的城市魅力。体验中国内地首家AWAY水疗中心，在城市中心享受舒适静谧，设计新颖的客房、全城首个客房内运动传感器与各种高科技配套设备为客人带来全新的入住感受。

逾2000平方米的会议空间包括一个拥有户外场地的开放式会议室，配备先进高科技设施的宴会厅，设有便携式会议系统及同声传译系统，让客户的会议与活动打破传统，充满创意。

广州W酒店以其锐意创新的设计、活力无限的酒吧与餐厅及随时、随需服务，为广州这座城市树立起一道别致、亮眼的全新风景线，并为国际旅行者和充满时尚嗅觉细胞的本地人士展示最新、最热的动态。酒店拥有紫艳中餐厅、标帜自助餐厅、贵船铁板烧等三个餐厅和两间酒吧。

作为"万豪系"的自助美味标杆，标帜自助餐厅以独特的轻奢装饰凸显时尚气息，在此用餐，不但是一次舌尖的绽放，更是视觉感官的艺术享受。餐厅提供鲜活海鲜、精致甜品、西式料理、火锅小吃、日式寿司、现切刺身，而且均不限量！网评曰：不愧为"万豪系"顶级level（水平）的！

被誉为广州粤菜扛把子的紫艳中餐厅，其创作灵感源于"五羊传说"——相传有五位仙人身披五色衣裳，骑着五色羊，手执稻穗来到广州，将稻穗交给城中人之后，广州自此五谷丰登，风调雨顺。餐厅设计萃取了传说中的重要元素，从餐厅大堂便可起步体验。地平饰面采用从国外引进的地砖，多角度拼砌，制造空中俯瞰稻田的错乱之感，又有倒映天空蓝调之感，该地面设计延伸至餐厅内公共区，作为指引客人之用。

紫艳中餐厅以大师级手笔设计的菜单，以焕新味蕾和无限的创意奏响融汇粤菜与其他环球时尚美味于一体的味蕾交响曲，让"紫艳"成为广州城中名流佳士争相打卡的美食圣地。紫艳中餐厅以传承饮食文化的包容与创新为主旨，邀请广东名厨林瑜人担任中餐行政总厨。他以精湛的厨艺，对食材的热爱及娴熟的驾驭能力，源源不断的新思路与想法，融入独到的粤式烹饪哲学，通过融合经典粤菜烹饪文化和国际现代烹饪技术，打造精致创意、时尚潮流、跨界融合的中式料理，为紫艳中餐厅带来全新的创意菜式，开启了一场让饕客们为之神往的寻味冒险之旅。

黑松露芝士焗龙虾

　　黑松露加希腊芝士，中西结合烹调手法，黑松露的特殊香味与干酪的牛奶味融合，提升了龙虾的层次，让口感更加细腻。

鱼子酱脆皮安格鲁雪花牛肉

　　精选安格鲁雪花牛肉，通过浸卤再酥炸，配上俄罗斯鱼子酱，可体验牛肉的外酥内嫩，浓浓的卤香味配上咸鲜的鱼子酱丰富口感，完美！

鲜花椒鸡油浸东海大黄鱼

　　选用鸡油低温浸熟传统烹饪手法与川菜的酱料，鸡油锁住鱼肉的汁，保持鱼肉的鲜嫩，加上川菜的麻辣酱，开胃且提升味蕾体验。

冰皮藤椒鸡

"无鸡不成宴"，广府人对鸡肉的忠诚超出想象。这道菜来自林师傅对花椒近乎热爱而产生的灵感，选用农家散养鸡，加入微麻小辣，再以冰镇手法提升鸡肉的紧实度，口感超棒，醒胃又提高食欲。

蚝皇鲍汁扣佛跳墙妙龄乳鸽

传统美食文化与创新料理的完美碰撞——此菜破天荒将佛跳墙与乳鸽进行了深度融合，既保留了传统烹饪手法，又在传承之上做了食材搭配的大胆创新。选用中山石岐15天的妙龄乳鸽、高品质鲍鱼与海参，借鉴了猪肚包鸡的手法，巧妙地将食材置入乳鸽肚内，用慢火扣炖5小时，开肚瞬间，蚝皇鲍汁流出，鲜味浓郁，让人食指大动。

招牌元贝皇葱油捞手工面

　　小时候妈妈烹饪的葱油面，通过林师傅的巧手完美复刻。选用自制XO酱与加拿大肥美优质带子，既保留了老广州的传统风味，又通过食材与酱料的升级，让味蕾拥有全新尊贵的感受。

🛎 广州星河湾酒店：
＼当"立方艺术空间"遇上典雅粤味＼

广州，因水而生，因水而兴。在美丽的珠江南岸，有一座依水而建的地标建筑，塔楼巍然矗立，建筑风格古典优雅，华灯灿若繁星，与珠水美景相互辉映，光彩夺目。在珠江畔熠熠生辉的它，有着令众人称扬的名字——"星河湾酒店"。

2008年，在严格遵从五星级标准的工程工艺的建造要求下，广州星河湾酒店正式诞生，以自主品牌、自行设计、自行建造、自行管理、高标准的服务品质、高起点的专业团队，打造以品质典范著称的中国高端酒店品牌。

作为星河湾集团旗下的首家五星级商务休闲酒店，广州星河湾酒店将城堡风格完美融合到珠江河畔，建筑糅合古典元素，传统与现代兼容并蓄，将宫廷气息完美融合到珠江河畔，休闲浪漫，让人神往。装潢考究，优雅浪漫，贵气非凡，被誉为"立方艺术空间"。

星河湾酒店外景

真粤中餐厅

星河湾行政总厨黎金华

　　作为中国自有高端酒店品牌，广州星河湾酒店一直致力于努力探索高品质"中国服务"模式。在配置方面，约70000平方米的建筑面积涵盖了超10000平方米的康体休闲设施和329套客房；功能方面，中餐厅、西餐厅、大堂吧、国际会议中心多功能厅以及国际宴会厅一应俱全。

　　广州星河湾酒店选址极为睿智，巧妙地避开了珠江新城商圈的繁华喧嚣与流光溢彩，偏安一隅的星河湾酒店在这片"水泥森林"里显得尤为独特，让宾客在旅途劳顿之后，能够重回自然怀抱，仿似置身于世外桃源一般，身心得到更好的休憩。

　　从大门拾级而上进入酒店大堂，仿佛置身童话王国。大堂如星光幻影般富丽堂皇，大堂正中央摆放一架古典钢琴，挑高的多层次天花板和白色巨型水晶吊灯，让古典建筑奢华之风扑面而来。

　　星河湾酒店"真粤Always Cantonese"品牌独有的餐饮文化，在于恪守粤菜经典传承的同时，不仅突出食材的原汁原味，而且努力追求多元美食文化的创新与融合。因此无论是饮誉多年的广府名菜，还是精巧绝伦的手作创意点心，都能带给食客一反老广美食形态的全新味觉体验。

　　位于酒店2楼的真粤中餐厅，古色古香的中式装潢，透露着浓厚的书香气息，檀香木质地的餐桌和屏风，毫不吝啬地透露着低调而奢华的高雅品位，让人在私密的环境中踏上寻找舌尖上的粤菜之旅。

行政总厨黎金华曾获广东"钻石名厨"、第八届全国烹饪技能竞赛银奖等荣誉，深耕烹饪领域20余年，用多年磨砺所获得的见闻，以及始终保有创新之心，激发内在源源不断的美食灵感，为羊城食客提供诱人"星"级出品。行政副总厨张思政，拥有20余年的从业经验，多次参与盛大宴会制作，主理的各式精美广式点心，在传统中求突破，融中西理念于一体，广受食客们的好评赞誉。

鲍鱼烧鹅

选用7斤半重的广东正宗黑棕鹅，将烧鹅酱倒进鹅的腹腔中，涂抹均匀，把大连鲍鱼放进鹅中，穿针缝合起来，打气至鹅身饱满，烧水烫至鹅皮紧绷光滑有弹性后，挂上脆皮水，放入风箱吹干表皮再放入烤炉中，高火烤40分钟左右到表面金黄，皮脆肉嫩！

烧好后切开烧鹅，倒出烧鹅汁，随后取出鲍鱼，斩件上碟。淡淡枣红

色的烧鹅，烧鹅皮又薄又脆，入口"咔哧"作响，鹅香引爆味蕾。鲍鱼吸满了烧鹅的汤汁，口感Q弹入味，令众多食客回味无穷！

金榜酱罗氏虾

　　精心选用壳薄体肥、丰腴饱满、肉质鲜嫩的罗氏虾，采用30多种东南亚食材和澳门大虾膏制成"金榜酱"，寓意：金榜题名！剥开虾壳就是饱满玉白的虾肉，大大的虾头里满是红润的虾膏虾油，汁浓香滑Q弹爆汁大满足，鲜与辣在舌尖肆意碰撞，仿佛重返金榜题名时！

原浆玉液鸡

　　赏色，原浆玉液鸡拥有金黄的外皮，来自"真粤鸡"本身的颜色；闻香，原浆玉液鸡的灵感来自失传的茅台鸡，茅台鸡用了酒界皇帝茅台酒做调料，原浆玉液鸡则选用星河湾窖藏20年的老原酒，酒香处处包裹着鸡肉，让人沉醉。识味，在热鸡汤里浸足35分钟后又放入老原酒与鸡汤混合的酒汤里冷浸8小时。这样做出来的鸡肉先热再冷，皮肉收缩，咬下去鸡肉弹牙，爽脆无比。每只原浆玉液鸡上桌前，鸡骨全部去除，只留下了黄金鸡身，每一口都是皮爽肉滑。

酥皮冶味烧乳鸽肶

　　所谓一鸽胜九鸡，广东人酷爱乳鸽，更是将乳鸽烹饪技法演绎得出神入化，红烧乳鸽、盐焗乳鸽，名闻海内外。星河湾在红烧乳鸽的基础上进行了创意无限的味觉升级！大厨将乳鸽大长腿去骨取肉，借鉴了客家菜里的"酿菜"技艺，加入充满乡野气息的羊肚菌为馅，"酿"进鸽腿内。之后缝合炙烤，成品外香里脆，皮酥肉嫩，口感无比丰富，方品乳鸽皮的酥脆，又遇乳鸽肉的细嫩，更能邂逅羊肚菌的春日明媚！

星河湾燕液虾饺皇

　　薄如蝉翼、玲珑剔透的饺皮内藏乾坤，生拆鲜美原只海虾，配搭多种食材，融入高汤，由大厨使用传统工艺手工制作而成。举箸之前已可略略窥见晶莹中透出一点微红，入口以后轻轻一咬，水晶饺皮特有的柔韧与虾仁天然的甜脆糅合出鲜美丰富的口感，爽滑多汁，美味沁入齿缝间。

特色沙琪玛

星河湾传统沙琪玛在传承经典的基础上勇于创新，改良传统全蛋法，只精选鸡蛋黄入粉，口感更为酥松，蛋香更加浓郁，再配以天然麦卢卡蜂蜜和名贵榄仁，一口下去，蛋香、蜜香、果仁香，渐次迸发，萦绕舌尖。

松化酥皮鸡蛋挞

新鲜出炉的酥皮蛋挞奶香浓郁，层层叠叠的酥皮包裹着嫩滑、颤抖的挞心。蛋挞皮如饼干一样酥脆爽口，一碰就掉，松脆美味、香而不油、个头适中，一口一个大满足。

招牌紫米脆虾肠

　　颜值与美味集于一身的招牌紫米肠，隆重推荐。淡紫色的肠衣包裹着酥松明黄的脆皮，Q弹的粉红色虾仁藏匿其中，梦幻而诱惑。细心磨制的紫米浆造就了柔韧有嚼劲的外皮，油条香浓松脆，一口一个嘎嘣脆。饱满新鲜的虾仁柔韧爽口，极具嚼劲。一道美食拥有三重口感——外表绵密、中间酥脆、内里鲜嫩，堪称极品茶点。

酒店美食星光时刻

第二十一届金马奖
第十九届中国金马奖
第十七届中国饭店金马奖
改革开放40年广州优秀餐饮品牌企业
2020年度优质商务酒店
2021年粤港澳最佳地标酒店
2021年环球酒店节"年度十佳酒店品牌奖"
2021年携程集团全球战略合作伙伴峰会"优秀合作奖"
2021年广东烹饪协会"优秀企业奖"
广州星河湾酒店行政总厨黎金华荣获2021年广东烹饪协会"弘扬工匠精神奖"
红丝绒高星酒店指南"最具浪漫气质酒店奖"
广州星河湾酒店真粤中餐厅荣获"红丝绒中餐厅奖"
广州星河湾酒店真粤中餐厅荣获2022年携程美食林"金牌餐厅"
2022年美团酒店"优质合作伙伴奖"
第六届直客通杯·数字化营销星光榜"华南区 百强商户"

科尔海悦酒店：
水乡风情，舌尖演绎

芭蕉河汊鱼虾，小桥流水人家。微微的风，满眼的绿，淡淡的果香，纯朴的民风，让你不禁想起了陶渊明笔下的世外桃源，不得不让人感叹它的美。

广州番禺水乡蔬果风物壮阔缤纷，河鲜海产肥硕丰盛，素以"食在广州，味在番禺"名动天下。作为番禺首家星级酒店的广州科尔海悦酒店，以匠人之心，融番禺心意烹煮水乡风味，致敬经典粤菜。

位于广州市番禺区的五星级酒店科尔海悦酒店坐落于广州市番禺区中心，位置毗邻区政府及地铁三号线总站番禺广场A出口，交通便利，是广州科达饮食管理有限公司按国际五星级标准兴建的豪华商务型酒店，2006年正式开业，成为番禺区第一家挂牌的五星级酒店。

酒店采用独具特色的地中海新欧派风格的理念设计，整体设计豪华典雅，融合了中外设计大师的精心杰作，星光点点的大堂与古典优雅的前台

给人一种雅致与活力感。除了广州最具特色的情景式大堂外，酒店更有现时番禺最豪华气派的国际会议中心，而设计考究的客房内，每一件家具及工艺品摆设均出自名师之手。科尔海悦酒店共拥有303间豪华客房，其中包括商务套房、行政套房、海悦套房、总统套房。客房装饰豪华，格调高雅，家具考究，功能设施齐全，给你带来称心如意的私人空间。舒适雅致的床品，简约韵致的家私，助你舒适睡眠，重新出发。

酒店拥有开阔的视野，坐拥番禺CBD繁华美景，客房配备液晶电视、高速无线网络接入保险柜、迷你吧提供咖啡和茶饮服务，让你的商务之旅高效轻松。

酒店拥有超过1200平方米的宴会空间，设有海悦厅、水晶厅、钻石厅、皇冠厅、心悦厅、欢悦厅6间豪华的多功能宴会厅和多间各种规格的会议室，可同时容纳1000人的会议和宴会。

酒店内设柏顿花园餐厅提供海鲜自助餐，南岗喜宴提供中餐。旅客可品尝国内外名厨主理的精美名菜，感受东西方文化的至尊品位，无论是富有情调的大堂吧、地道的中餐厅、闲雅的VIP酒吧，还是正统的西餐厅、泰式餐厅及日本料理餐厅，均能让你宾主尽欢。

值得一提的是，南岗喜宴整体设计融合了中国古典建筑艺术，以传统中国红为主，黑、金色衬托，水榭亭台、游鱼畅泳，让宾客如置身于喜庆欢乐之庭院中。南岗喜宴顺应自然的味道，甄选时令新鲜食材，匠心呈现精致粤菜，带你开启精致缤纷的舌尖飨宴。

金奖盐焗手撕鸡

选用自然放养180天的走地鸡，以古法盐焗制法锁住鸡汁，保留肉质的嫩滑以及鲜味，保留了原块鸡皮，金黄油亮，没有肥厚的脂肪层，皮弹肉爽，浓郁的咸香味溢满齿间。

姜蓉蒸山坑鲩鱼

新鲜现宰的山坑鲩鱼，用最简单的烹饪方式——姜蓉清蒸，将鱼肉的本味完美保留。鱼肉蒸制的时间控制得刚好，鲜嫩柔滑，一点也不柴，每一口都带有姜蓉独特的香味，连平时"惧怕"鱼腥味的朋友都能被它征服！

豉油皇焗明虾

加入豉油皇酱汁焗煮的明虾，从虾壳到虾肉都非常入味，顺着香味，早就忍不住动筷啦！

萝卜煮鸡杂

秋风起，萝卜靓。秋冬是吃萝卜的好季节，萝卜能助消化、润肺生津、御风寒。这道浓香四溢的萝卜煮鸡杂，鸡杂弹牙爽韧，萝卜软糯清甜，底部的汤汁不要错过，喝一口味道也很nice！

香菠咕噜肉

外层炸至金黄香脆的五花肉粒，加入特调糖醋汁和菠萝肉翻炒，外脆内松，肥而不腻，酸酸甜甜的味道，开胃能力满分！

酒店美食星光时刻

第16届亚运会指定接待酒店
中国十佳商务酒店
中国十大最受欢迎首选品牌酒店

星河湾半岛酒店：
田园欧陆风中的绝美飨宴

　　并不是只有远行，才能放飞美好心情。抽空探索城中从未驻足的有趣宝藏角落，与"星"共飨，或许也是一种逃离尘世、生活在别处的绝佳选择。

　　从粤式风味到四方佳肴，从零点菜式到自助美馔，从中餐到西餐，多样化的主题餐饮，让心情与味蕾共赴一场乐活之约。星河湾半岛酒店，坐落于珠江河畔难得一见的私家地块，三面环江，外围环绕景致迷人的休闲绿道。酒店位于长隆旅游度假区和琶洲展馆双商圈中心，紧靠华南快速干线沙溪出口，可轻松往返于广州各大著名景点。集休闲、健身于一体的康体中心，配备室外景观游泳池和室内恒温游泳池，国际标准的户内户外网球场，综合健身器材、羽毛球场等设施一应俱全，让你安心欢度休闲时光。建筑欧式城堡风与中式元素相结合，以国际设计语言书写东方韵味，将中国传统文化的精髓融于产品设计的每一环节中，彰显中国文化自信。其中代表之作便是欧式古堡中的中式餐厅真粤中餐厅。感受岛居生活和中式轻奢风带来的视觉冲击，当现代简约与诗意感性自然结合，人、自然、建筑与味蕾在此共鸣。

　　真粤中餐厅采用中式轻奢装修，设有240个餐位和16间厅房，知名厨师团队为客人提供地道的精致粤菜佳肴，令其在舒适典雅、绿植相伴的田园欧陆风中，品尝传统和新派完美结合的粤菜、粤点，享受舒适人生。

　　携孩子与家人赴一场轻愉、闲暇、温馨的家庭时光之约，阳光倾泻一室开启灿烂一天，每一间客房都是一处置身长空的奢华休憩之所，每一道美食都是治愈心灵的灵丹妙药，到星河湾半岛酒店，畅享远离喧闹紧张都市快节奏之乐。

星河湾燕液虾饺皇

　　薄透如纸的饺皮包裹多颗饱满虾仁，举箸之前已可略略窥见晶莹中透出一点微红。待入口以后轻轻一咬，水晶饺皮特有的柔韧与虾仁天然的甜脆，糅合出鲜美的口感，回味无穷。

豉椒酱皇蒸凤爪

　　淋上秘制酱汁蒸煮出笼的凤爪，松软酥烂，轻轻一扯便骨肉分离。放入口中一抿，豉汁完全浸透凤爪，满口胶质，唇齿盈香。

黑松露烧卖

　　从20世纪30年代就风靡广东的干蒸烧卖，至今仍是各位老饕的心头好。虾肉的爽脆和猪肉的嫩滑巧妙融合，蛋皮包裹着肉馅，肉馅锁住了鲜美，顶部点缀"可以吃的黑钻石"——黑松露。一口下去，黑松露的芳香、肉香相互交织，层次分明，美妙至极，不可言说。

得意核桃包

精确的水温，均匀的搅速，高超的揉面技术，看似简单的核桃包其实工艺非常考究。巧妙揉入红糖的面皮，口感更加松软甘甜，内馅是新疆阿克苏核桃与浓郁白巧克力奶油，入口如甜蜜棉云，记得趁热吃哦！

像生鸡仔咸水角

俗话说，北方有水饺，南方有水角。咸水角是非常地道的广式点心，馅料为咸味，外皮带甜味，皮脆而不韧，软糯却有嚼劲，看似多种充满矛盾的味道和口感聚集一身，却又刚刚好形成了其特有的鲜、香、甜、脆丰富口感。

特色沙琪玛

回味无穷是情怀也是传承。星河湾传统沙琪玛承载了几代"老广"的味蕾记忆，改良传统全蛋法，只精选鸡蛋黄入粉，口感更为酥松，蛋香更加浓郁。再配上天然麦卢卡蜂蜜和名贵榄仁，一口下去，蛋香、蜜香、果仁香，瞬间丰盈口腔。

招牌紫米脆虾肠

　　细心研制的紫米浆造就了柔韧有嚼劲的外皮，内里包裹着炸得酥脆的油条脆，还有颗颗饱满新鲜的虾仁，外表绵密，中间酥脆，内里鲜嫩，三重口感，瞬间席卷味蕾。

生拆蟹肉烧饼

　　薄厚适中的酥饼皮，牢牢包裹住应季鲜美蟹肉精制的馅料，只需轻轻一口，酥松的外皮瞬间化开，满口酥香又略带汁水，令人久久回味。

黑椒扣牛膝

　　此为星河湾半岛酒店首创特色菜。牛膝可谓每头牛少之又少的黄金部位。牛膝大火煎至金黄色，起香。再用西芹、胡萝卜、洋葱切块，加入蒜头、香叶、新加坡黑胡椒煸炒，加入特制酱料调味。将煎好的牛膝放入，用文火烧2小时即可。上桌后的黑椒扣牛膝肉筋相连，口感香浓弹牙。

古法明炉烧鹅皇

　　涂料、吹气、上皮水、风干……星河湾半岛酒店的每只烧鹅均严格循古法制作，经历整整6小时的传统工序再入炉烧制。新鲜出炉的烧鹅色泽红润，油而不腻，酥香味鲜，尝过这道菜，你才能解开广式烧鹅的味道密码！

养生金汤小米烩花胶

　　甄选稀有的极品花胶皇，结合软糯的小米，于文火炖煮的鸡汤中，烹煮出香滑Q弹的醇厚口感。

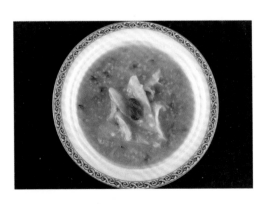

酒店美食星光时刻

2021年中国最佳城市精品酒店

🛎 广州南沙大酒店：
╲ 广州城的后花园 ╲

日升鹭啼，月挂蛙鸣。远眺伶仃，近俯蒲州。日吻海风，夜梦南沙。

广州南沙大酒店是南沙第一家五星级酒店，由爱国商人霍英东先生创办，位于风景如画的广州南沙海滨花园新城。酒店面临碧波荡漾的伶仃洋，背靠苍翠欲滴的蒲洲山，虎门大桥横亘眼前，230000平方米美丽园林环绕，碧蓝的泳池晶亮闪烁，紧邻国际级高尔夫球场，南沙游艇会、国际邮轮母港近在咫尺……新派艺术作品分布酒店上下，整个酒店散发时尚韵味，别具高雅格调。

酒店拥有各类精美客房318间，可远眺海景，令人心旷神怡。精雕细琢的豪华客房，设计考究；每间客房46平方米起，宽敞舒适，尽显星级酒店风范。

酒店拥有设备先进的会议中心及各类大小会议室10个，是南沙地区最适合举行宴会和会议的场所。酒店户外花园、草坪面积近6万平方米，无论是会议、展览、产品发布会，还是午餐或晚宴、时装表演、婚礼或家庭聚会，都可为你精心准备。

广州南沙大酒店外景

酒店拥有南沙首屈一指的全海景各式餐厅八个，客人可一边品尝精美名菜，一边欣赏蓝天碧海，尽情感受东西方文化的至尊品位。设有红棉粤菜厅与牡丹中餐厅，紫荆咖啡厅等餐厅，牡丹中餐厅的装修风格古典幽雅，酒店的服务也是不可挑剔的。

广州南沙大酒店同时拥有全套世界一流的健身设施，以一应俱全的康乐设施倾力打造专属的休闲放松空间，客人可尽情享用SPA水疗。

椒麻牛仔粒

经典粤菜与川味完美融合，色彩搭配均匀，椒麻口味提升口感。牛仔粒腌渍得嫩滑多汁，无比爽口，满盘都是粤菜小炒的可口镬气。

清蒸金古鱼

南沙的海鲜名动天下，只要够新鲜够生猛，采用最简单的清蒸烹调法，就能吃出食材的原汁原味与细嫩鲜美的口感。

法式燕麦焗餐包

外皮酥脆松软烫口，馅料是软糯甜美的燕麦，咬一口，甜味适中，并不腻口，吃完一个又一个。

南沙虾饺王

虾饺的外表饱满，皮薄馅足，馅料的口感弹牙爽口，鲜美多汁。

香茜牛肉肠

牛肉肠摆盘精致，外表皮薄洁白，内馅口感紧致弹牙，浓郁香菜味赋予肠粉特有的南国田园风味。

荔湾艇仔粥

以美味的艇仔粥收尾，粥底绵密细腻，材料无比丰富：炸猪皮、鱿鱼丝、蛋丝、鱼片……还能根据个人喜好增加花生米或者薄脆蛋散，口感层次丰富。

酒店美食星光时刻

 南沙第一家五星级酒店
郭晶晶、霍启刚的婚礼举办地

🍽 广州凤凰城酒店：
╲ 穿越山海，遇见美馔 ╱

穿越山海，与欧陆风情相伴，与浪漫同行，在苍翠的青山绿植间邂逅佳肴美馔。

这是每个"乐活"人士的梦想，也是广州凤凰城酒店的真实写照。

广州凤凰城酒店是中国南部首家以白金五星级标准建造的自然山水主题式酒店。酒店背倚郁郁葱葱的凤凰五环山，面朝仪态万千的翠湖。整体占地面积达20万平方米，建筑面积达7.8万平方米，是广州面积最大、楼层最低的山水酒店。富丽典雅的欧陆式建筑风格，使宾客感受到西方古典文化独特的神秘雅致。此外酒店还特别引进了国外主题式酒店的独特理念，创造出超凡的品位。完善先进的服务设施，温情个性化的五星级服务，令各方嘉宾倍感尊荣。

酒店大堂天顶及前厅100多米的长廊，以梵蒂冈西斯廷大教堂的穹顶壁画为原型，重现了米开朗基罗《创世纪》的雄伟与壮丽。彩色与金色的切合，凸显了圣经故事的古典与绝美。自由宽广的爱琴文明融入了传统的

凤轩中餐厅　　　　　　　　　　　　　　酒店大堂

东方山水写意情怀，构筑成一种天然和谐的魅力。漫步于酒店大堂内，可尽情体会西方艺术的精华。酒店是由碧桂园集团斥重金，以建成世界上最美丽的酒店为目标而建造。酒店以其会议、度假、商务三合一的功能优势，让每一位成功人士在自信地从事商务活动的同时，可以更舒服自在地享受生活。

毕加索国际宴会厅是目前广州市规模最宏大、功能最齐全的酒店会议场之一，饰以纯金的圆顶配合意大利水晶灯，如繁星缀于苍穹，气派豪迈，瑰丽典雅。全厅可举办超过1500人的酒会和摆设80桌筵席，亦可划分成两个独立厅房使用，方便灵活顺应你的独特需求。

音韵绕梁，风雅飘香。广州凤凰城酒店凤凰轩中餐厅，执掌悠悠山水，造就一番至尊滋味。

名厨出品，匠心之作，以新鲜食材向美味致敬，用心烹饪充满地域特色的精致飨食，呈现不同菜系的经典风味，于舌尖上演绎中华美食奥义。

广州凤凰城酒店凤凰轩中餐厅行政总厨陆进华，结合地域特色，为广大食客带来别具一格的舌尖珍馐。天然食材烹饪精致美味，陆总厨拥有多年后厨经验，他对烹饪有着独特的见解与看法，大胆融合南北菜肴的特色，带来犹如艺术盛宴般的美食飨宴。

蟹好姜

原材料选用上等肉蟹，体大肥美，壳薄味鲜，肉质鲜甜饱满。搭配上老姜去除蟹的寒意，借鉴避风塘炒蟹的烹饪技法创出吃蟹新做法。火候与油温的精准把控，是保证螃蟹肉嫩味鲜的关键所在。选取优质老姜，炸至金黄微焦，老姜的香味充分融入蟹肉深层，饱满的蟹肉搭配姜的香味，入口即席卷整个口腔。

自制海味黑豆腐

自制黑豆浆做成的黑豆腐，豆香浓郁，唦唦鲜嫩。以纯天然健康食材黑豆磨制而成，搭配白玉菇、虾仁、黑木耳，佐以上汤烹制。黑豆腐外焦里嫩，紧实却又细嫩。一口下去，鲜香满溢，豆味伴着入口即化的丝滑口感，让人吃完一块又一块！

麻婆豆腐赛龙虾

这是一道融合创意菜，食材搭配、口感处处给你惊喜！以5小时熬制而成的虾汤为锅底，将川菜代表作和高档海产品深度融合，因地制宜改良传统麻婆豆腐，加入龙虾等各类优选食材，匠心打造，回味无穷。豆腐麻辣爽口，臊子酥香四溢，龙虾细嫩鲜美，享受多重口感的同时还能享受视觉上的愉悦。

招牌金丝炒饭

简单的食材，童年的记忆，妈妈的味道！

后厨精心熬制香葱油，配以土鸡蛋煸炒蛋丝后，加入提前蒸好的米饭同炒，上桌时葱香四溢，米粒油亮金黄，颗颗Q弹，蛋香的诱惑从眼眸到舌尖，像极了小时候妈妈那碗回味无穷的蛋丝饭！在青山碧水中的五星级酒店，跟家人一起品尝充满童年记忆的美食，是最简单却又最难得的惬意时光。

酒店美食星光时刻

 2008年度中国广州最具竞争力酒店企业10强
中国主流地产金殿奖"2010年中国竞争力山水主题商务酒店"

🍽️ 广州增城保利皇冠假日酒店：

╲ 东江之畔，荔城名宴 ╱

沉重的压力虽然让我们慢下了游历四方的脚步，却无法停止按下快门的心。

打卡"广州东·魅力增城"，总有种闲适让我们不远游也能愉悦度假，不负韶华。

广州增城保利皇冠假日酒店位于增城新塘东江畔，独特的地理位置使得客房拥有城江两景，配备全景式落地窗，让你足不出户便可欣赏壮观江景，开阔的视野让你尽情饱览东江风光。

西餐厅位于酒店一层，以特色西式早点融合中式面点，丰盛健康的自助早餐为你增添满满活力。风和日丽的午后时光，寻一片绿地，铺上地

垫，放上美食，过一个仪式感满满的周末，让照片占据朋友圈C位。酒店3层室内全景式天窗恒温泳池，配备优质设备的健身房，唤醒身体能量。

增城是闻名天下的荔枝之乡，每到6月荔枝盛产时可在餐厅品鉴极具岭南特色的荔枝宴，所有菜肴均以荔枝作为食材，运用煎、煮、炒、炸的烹饪手法，将荔枝的味道衬托得无比清甜，堪称增城旅游、度假必尝美食！荔枝宴菜单包括：仙草荔枝、贵妃荔枝汤、贵妃荔枝芝士球等。就连餐后甜点都是荔枝班戟，活色生香，让人耳目一新。据说这荔枝宴可是增城荔枝节中当然的主角！

此外，荔枝柴烧鸡、烧排骨、烧乳鸽也是餐厅的必尝美食，这些以荔枝木烧制而成的美食味道特别，微微带有一丝荔枝木的清香味，肉嫩皮脆，简直不要太好吃！

鲍汁野米黑豆腐

　　食物，不仅仅是果腹之用，而应带给人心灵上的愉悦与满足，色香味形，缺一不可。本菜精选农家无污染黑豆手工自制，外焦里嫩，丝毫不松散，一口下去，焦香满溢，随之而来的是入口即化般的丝滑。鲍汁的浓郁口感，增添海鲜风味。不仅营养丰富，口感也更加饱满。搭配石锅盛出，热气腾腾，香满四溢。

招牌脆皮牛肋排

　　御公馆中餐厅精选上等牛排，肉质细嫩。经过主厨搭配上等好料慢火炖足3小时；再用私房调制蛋白脆粉，油炸至金黄，外层香脆，内层软嫩。配上恰到好处的风味酱汁，让人忍不住食欲大开。

广式烧鹅扎

融合了中式传统菜，立意创新的一道新式潮菜。用料包括：烧鹅、鹅肝酱、生菜、水果、烤面包。爽脆的烧鹅配以鹅肝酱的香滑、生菜的清新和面包的淡淡麦香，造就多层次的佳肴美馔。

深井果木烧鹅

外形饱满、皮脆、肉嫩，汁水丰盈，肥瘦比例刚刚好，蘸上清甜酸梅酱解腻，堪称一绝！一上桌就迫不及待想吃进嘴里，荔枝木香果然浓郁，令人欲罢不能。

雷公凿响螺炖猪䐑

响螺可以清胃明目，丰润的猪䐑肉，在汤水中释放活力、能量与美味，餐前一碗汤，诠释着"粤地道、粤滋味"。

杜阮凉瓜火鸭羹

正宗的江门杜阮凉瓜体形硕大、平顶粗粒、肉厚色绿。凉瓜配以烧鸭肉，融合清香的蛋清、香菇与韭黄，制成一道祛暑润胃的鸭羹，荤素搭配，清甜味美。

顺德沙姜生焗鱼头

鱼头没有任何腥味，满嘴都是嫩滑的胶质，在沙姜和酱料的加持下，鱼头的鲜味全都被激发出来。每个鱼头都渗透了酱料的香味，鲜香与酱香相辅相成，胶原蛋白满满凸显诱人卖相，味道更加惊艳！撒上灵魂芫荽、香葱，淋上烧酒，"嗞"的一声，焦香四溢。入口肉质滑嫩，如此美味，嗦完一煲后，回味无穷！

胡椒猪肚清远鸡煲

汤底鲜美，猪肚爽脆，鸡肉嫩滑，而且猪肚鸡具有很高的食疗价值，吃了不仅养胃驱寒，还能美颜。

石锅醒味藤椒鲜鲍鱼

鲜嫩的鲍鱼在石锅的高温下，完美吸收了藤椒的鲜、香、麻，口感变得超级丰富，这一道菜简直惊艳味蕾！

石锅葱烧太子参

香葱加辣椒，在200℃的石锅里快速沸腾变熟，配合Q弹的海参，简直妙不可言。

 酒店美食星光时刻

新快报20周年风尚大奖之甄选酒店及寻味餐厅
"最佳婚宴酒店"

广州金叶子温泉度假酒店:
坐拥一座山，独享一处泉

　　只此青绿，一美千里，群山起伏，满眼青葱。尽享山林日出日落美景，伴山栖宿。睡进半山之上的40万亩森林里，看千里江山在翠林如海中纵横迤逦，听白水仙瀑飞流直下，壮美如画!

　　这是广州赫赫有名的"小布达拉宫"，坐落于增城白水寨风景区旁，矗立在南昆山脉的万亩山林间，依山而建，气势磅礴，山下田园风光，被誉为北回归线上的瑰丽"翡翠"，广州增城的"市"外桃源!凭借天然大氧吧、偏硅酸优质高山温泉以及美食成为网红大咖、度假控们的打卡目的地。

　　金叶子温泉度假酒店外形风格以巴厘岛风情为主题设计，6幢建筑物最高只有4层，采用开放式落地窗户设计，令宾客可以更近距离与大自然

连成一体，楼宇之间绿树花草簇拥，是休闲度假的首选之地。内部设计配合周边大自然生态以"绿色环保"为主要构思元素，格调简单而高雅舒适。选用大量天然石材及木材，务求与自然融为一体。每一房间均背山面田园风光而建，房间材料以木材为主，并强调休闲、舒适的度假氛围。

金叶子温泉度假酒店是以高山温泉水疗及养生为主题，并集休闲、度假、餐饮、住宿、会议等为一体的多功能综合性项目，是第二批广东旅游温泉水温水质认证企业。酒店分为公寓群和半山别墅群。公寓共有4幢，有平层和loft两种户型。公寓采取一体化设计，配套设施应有尽有。室内采用蓝色与原木相结合的风格，超大落地窗不仅让视野开阔，更让美景如画般装饰在窗上。阳台自带独立泡池，堪称温泉入户。公寓群采取半围合式布局，使得楼距最大化，确保通风采光。公寓群中央有约3200平方米中式水池，以及配套游乐设施。在东侧可欣赏大片山林，在西侧可直观白水仙瀑，在南部可远眺卧佛。

半山别墅群均依山而建，确保通风采光无遮挡。首创"L"型别墅建筑拼合"十"字型合院，每一户都独享庭院，拥天揽地，堪称"平地上的豪华庄园"。别墅首层阳台自带独立泡池，100%温泉入户，真正的汤境生活。远眺群峰连绵，近观万亩田园，纯吸负氧离子。此刻，都市的灯红酒绿都将尽数抛之脑后，只享受碧绿山峦中的静谧清幽。

高山温泉池区处于半山腰处，拥有34个温泉泡池、经典SPA池及2个室外游泳池，是广东省内目前海拔最高的温泉。水源来自深藏的地热温泉，最高水温达75℃，色泽透亮，属极软的弱碱性温泉，富含偏硅酸、钠、硫黄、锌、铜、钙、镁等对人体健康有益的微量元素，是康养保健、美容护肤的最佳泉水。36个功能各异的温泉池，镶嵌于满目青翠的山壑之中，高低错落，宛若星盘布阵。玫瑰池、牛奶池、红酒池、草药池、祛风除湿池、天然山泉池……沐浴在青山环抱的汤池中，远眺万亩田园尽收眼底，高山之上，和风做伴，与泉为友，观万亩田园之惬意，叹千丈白水之壮

观，卧佛奇景宛若洞天。度假村拥有10间印尼风格的庭院式SPA房，高大庭院布满绿竹与鲜花，迷香醉人。在沐浴温泉之后，来享受一下为你准备的纯巴厘岛风格的SPA水疗，让你在典雅舒适的环境里倾听高山流水之音。

金叶子拥有中餐厅、西餐厅和东南亚风味餐厅等齐全的餐饮设施；荟萃多国特色美食，烹饪出不同美味，供你尽享奇妙的味蕾之旅！

金满堂中餐厅由12个贵宾房及可容纳226人的大厅组成，以海鲜和农家菜为主打菜式，追逐新、鲜滋味，结合有代表性的粤菜，融汇北方口味及本地特色风味，令中华厨艺的博大精深尽在这里展现。

鸣泉西餐厅融汇法国、意大利及东南亚美食概念的精华，加上浪漫的烛光、悠扬的音乐和雅致温馨的环境，必将让你留下难忘的回忆。

餐厅以落地窗采景，对望南昆山脉，如画一般，阳光照进，暖意十足。中西式餐点品种多样，更有星级厨师出品西餐菜式，保证美食的品质和口味。丰盛自助大餐，给你满满饱腹幸福感，自助早餐和自助晚餐，治愈你的胃。一日之计在于晨，美美醒来，品尝丰盛自助早餐，带给你全天满满幸福感和能量。现烤面包涂上香甜果酱，现煮手工面口感筋道，沙拉水果清爽可口……

花样自助餐营养丰盛，口味随心搭配。鸣泉自助餐厅汇聚各地精致菜肴，全场众多尖货菜品统统畅吃。日式刺身、海鲜、现烤扒、美味熟食、甜品饮料等一站吃遍"海量"美食。

金叶子酒店周边盛产多种上乘品种的荔枝，每年6月、7月荔枝丰收，酒店中餐厅用其珍贵的果肉精心制作成各种美味菜式，心中希冀当你走进金叶子的时候，你的全世界都甜甜蜜蜜。

彩椒荔枝炒牛柳

鲜嫩多汁的牛柳香煎后浓郁的脂香满溢，荔枝的甜美汁水渗进牛柳里，牛柳瞬间就被一股清新化为绕指柔了，最后加以彩椒丁的零星点缀，气质就这样扑面而来……

田园七彩拌荔枝

长大后深感时间飞逝的我们，总想将美好的东西都留住。就像这道菜，将七种颜色的田园时蔬和荔枝果肉搭配，只一口，就将所有的田园风情都留在了自己的味蕾里，从此回忆里又多了一种难以忘怀的味道。

翡翠白玉蒸水蛋

印象中蒸出来的东西都具有极高的营养价值，一口一口吃着健康。荔枝清甜，蛋羹滑嫩，咸淡适中，用可盐可甜来形容这道菜品的颜值和个性再合适不过。

荔枝心意南瓜

荔枝蜜味醇甜清香，南瓜粉糯，两种不同的甜美碰到一起产生了奇妙的化学反应，甜上加甜却不至于腻，味道依旧清新，像是看甜宠偶像剧一样永远在"发糖"，但是坐在柠檬树上的我们永远觉得还不够。

西芹百合炒桂味

往往被寓意为百年好合，再加上在荔枝中口味上乘的桂味，就寓意百年好合甜蜜幸福。菜品色泽清亮、味道鲜美，如果吃了太多的大鱼大肉，再上这样一份清脆可口的西芹炒百合，绝对是荔枝宴上的一股清流，能解任何一种腻。

荔枝班戟

有些人看似平平无奇的外表下内心却满腹经纶，有些生活看似平常却也是另外一种幸福的体现。荔枝班戟，最最普通的煎饼将软萌可爱的荔枝层层包裹，你以为吃的只是一份温饱，但这份温饱里面流露出的也有生活带给你的意外惊喜和甜蜜。

荔枝燕麦挞

这是金叶子酒店不得不提的一道甜点。荔枝肉晶莹剔透，放在燕麦挞中间远看像是一颗白色透亮的珍珠立于其中，亭亭玉立惹人爱。麦香松软，荔枝肉质脆嫩，品尝甜点是每个客人最不能抗拒的事情。

酒店美食星光时刻

中国酒店星光奖"十大旅游度假酒店"

广州大厦：

古城，古韵，古早味

远眺潋滟珠水，回眸南越风云，品读南汉园林，感知岭南风韵……

从岭南古风到西风东渐，从无敌景观到怀旧古早味，在千年商都广州，能够一站式感受岭南2000多年完整历史脉络的酒店，只有广州大厦得此地利。

坐落于北京路商圈的广州大厦，位于广州传统中轴线之上，与南越王宫遗址、北京路千年古道、南汉后花园遗址、珠江天字码头一步之遥，是一座极具文化底蕴的四星级酒店。

广州大厦楼高35层，建筑面积达6万平方米，以广州市市花红棉为外立面造型，高耸屹立于广州市的政治和商业中心——北京路北端。酒店拥有465间各种类型的客房，分布于10层至31层，宾客可透过玻璃窗尽情饱览璀璨的广州古城风景和越秀山美景，为往来羊城的各地宾客开启一段非凡历史体验之旅。酒店餐饮美食、康体休闲配套设施齐全，拥有龙威殿中餐厅、聚谊阁西餐厅和大堂吧，集地道粤菜、新鲜海鲜、精致料理、各类甜点于一体，满足你的味蕾享受。在龙威殿中餐厅，宾客可体验传统的粤菜和湘菜；在聚谊阁西餐厅，宾客可尽情享用国际自助餐美食。不管你是想在空中室外泳池畅游，或是在设备齐全的健身房操练一番，都可体验到广州大厦无微不至的服务和关怀。

作为第16届广州亚运会官方指定接待饭店，广州大厦历年来多次荣获粤商至甄之选"城市地标酒店""最佳城市亲子度假酒店""岭南名吃名点名汤""广州优选酒店"等奖项。

作为广州大厦的中餐厅，龙威殿深受酒店房客以及周边街坊的喜爱。

龙威殿位于广州大厦3楼，是隐藏于千年商都腹地的一处静谧之所。内部布置大有岭南风韵，无论是充满暖意的明黄灯光、旧式情怀的西关趟栊门、宽敞的木质座椅，还是以广州各区如越秀、黄埔、荔湾、白云等命名的包房，进入其中便能一览旧时广州，让人温馨怀念。

龙威殿秉承广州传统的粤式古早风味，以创新手法为顾客带来传承经典、突破传统的创意粤菜，在历年的广州国际美食节系列评选活动上，龙威殿以一道10年陈皮花胶炖水鸭汤、一道花雕醉乳鸽和一道糯香白玉卷征服了评审团的味蕾，夺得过"岭南名汤特金奖""岭南名菜特金奖"和"岭南名点特金奖"等众多荣誉。

广州大厦中宴厨房总厨黄灿东，虽顶着"粤菜烹饪大师"的光环，且斩获过广州国际美食节"岭南名菜特金奖""名汤特金奖"等奖项，但同事们仍亲切称呼他为"东哥"。东哥主要负责重要政务接待及大型宴会的备餐工作，除此之外，他还负责酒店龙威殿中餐厅菜单的设计。从厨30年，东哥时刻严格要求自己保持高水准、高素质，并亲手打造、管理了一支优秀的厨师团队。在接待工作中，东哥会根据不同的需求去设计并推出安全卫生、营养搭配、健康美味的菜式，收获宾客们的一致好评。

广州大厦烧味主厨张建辉，多次荣获岭南特金奖，他表示："烧卤味，最考验厨师能否善用香料、酱汁，还有调味。在选取香料的时候，要考虑食材的本味。避免在香料浓郁的覆盖下，食材失去了本身的味道。"辉哥坚持学习食材的质地和香料的用法，了解日新月异的消费者需求以及当代饮食文化。"能把最传统正宗的粤式烧味特色展现出来，是我始终坚持的目标。"辉哥始终抱着以经典正宗的粤式烧味工艺，打造独具特色的烧味产品，以共生共融，味道至上的心态，继续行走在前进的道路上。

香茅鲈鱼

采用传统姜葱焗鱼的基础概念，改用肉滑刺少的鲈鱼代替了刺多的草鱼。为了搭配鲈鱼肉的细腻，把带有强烈香味冲击力的姜葱替换为香味温柔清新的香茅。采用传统砂锅焗制，利用锅内的高温和油，快速锁住鱼肉中的水分，并激发香茅自带的柠檬草香气。出品后的鱼肉柔软滑嫩、香味清新扑鼻。

金汤五谷海皇贝贝瓜盅

选用从化的农家贝贝南瓜，又称迷你南瓜，整体形态小巧玲珑，口感清香、粉糯香甜。南瓜去籽取肉，精心雕刻成碗状。配料则选用养生五谷杂粮、干货海味，搭配鸡汤一同烹煮出香味浓厚但口感不腻的金汤。最后把五谷海皇金汤与贝贝瓜盅合为一体。食客既能感受到海味的鲜香，又能品尝到五谷杂粮带来的不同层次的口感。而南瓜果肉经过煮制后已然与金汤融为一体，虽看不见果肉却能吃出果香，这就是粤语中俗称为"味在其中"。

百香果大虾

结合了中、西式的烹饪手法，碰撞产生出新的味觉体验。食材甄选广东湛江九节虾，虾身肉质爽脆，并富含蛋白质；百香果则是引进南美洲百香果，口感清新，酸甜适中。制作过程中，九节虾经过上浆、浸炸成诱人的金黄色，捞出沥油后放置在百香果壳中。再将百香果肉去籽后小火烹制成芡汁，浇挂在金黄虾身上。最后呈现出一道带有酸甜口味、爽脆口感、造型新颖的热带水果菜式。

十年陈皮花胶炖水鸭汤

说起这道十年陈皮花胶炖水鸭汤，总厨黄灿东表示，这是一道创新之作。花胶炖鸡，是每个广东家庭都会熬制的老火靓汤，但是当花胶遇上了放养150天以上的靓水鸭，加上十年以上的陈皮"点化"，又幻化出另外一种滋味。整道汤无须再加任何药材，汤水清澈之余入口便是一股浓香，冬天喝上一口整个身体都能温暖起来，陈皮的加入让汤水增添更多营养之余，还多了一份层次感。

沙窝盐焗海罗氏虾

龙威殿中餐厅选用鲜活海罗氏虾，以极具广东特色的盐焗方式烹饪。以盐焗熟的罗氏虾，味道咸香，口感紧实，经典粤味在味蕾上迸发。

茉莉花鲜百合蒸桂鱼球

此菜运用最朴素的技艺来烹调肉质细腻的桂鱼。通过高温的蒸制，茉莉与百合的芳香沁入桂鱼，相得益彰。百合是秋季特有食物，中医认为，百合能补益心肺。肺虚咳嗽、干咳无痰或者受到秋燥影响而感冒咳嗽的人，都适合吃百合。

南乳脆皮鸡

　　选用正宗广东清远走地鸡，因地域和在树林放养的独特饲养方法，故而肉质滑嫩、皮爽骨软，以其风味独特驰名，深受广大食客喜爱。南乳脆皮鸡作为一道广东地方传统名菜，将清远走地鸡与秘制南乳汁搭配，腌制、风干，使得南乳醇厚独特的味道与清香嫩滑的鸡肉相融合。腌制风干后的鸡肉不采用浸炸的方式，而是使用吊烧和浇淋热油，锁住肉汁的同时使得鸡皮酥脆。南乳脆皮鸡外表色泽红亮，皮酥肉香，口感鲜嫩多汁，广受食客好评。

酱皇黑叉烧

　　叉烧是广东省传统名菜之一，叉烧是从"插烧"发展而来。酱皇黑叉烧是主厨甄用精品五花肉，搭配香料淮盐和特调酱汁腌制。腌制期间加入马拉黑酱油，令其颜色更加突出，并增添一丝酱香风味。经过烤制后，成品肉质软嫩多汁，酱香味、肉香味在口腔内荡漾，回味无穷。

花雕醉乳鸽

都说"一鸽胜九鸡"，其中以"六两鸽"为最佳。花雕醉乳鸽选用的是广东中山石岐的六两乳鸽，再用十二年的陈年花雕酒，碰撞出一道冲击味蕾的创新粤菜。六两乳鸽皮薄肉嫩，十二年花雕酒醇香温润。经过烹煮后，乳鸽肉质紧致饱满，鲜香回甘，并带有浓烈且醇厚的花雕酒香。轻咬一口后，口腔中充满着鸽肉独有的甘香和野性味道，夹带着的陈年酒香，令食客享受着味觉冲击所带来的内心荡漾。

广厦金条烧肉

选用精土猪肉，甄选特调香料淮盐，搭配主厨秘制海鲜酱，腌制1小时并风干12小时，烤制1小时直至外表金黄酥脆，油香四溢。激发鼻腔深处嗅觉的油香，是浓烈香气与细腻口感的完美结合。

酒店美食星光时刻

粤商至甄之选"城市地标酒店"
最佳城市亲子度假酒店广州优选酒店

151

🛎 广东迎宾馆：
╲ "总统府"里品粤韵风华 ╱

从靖南王府到英国领事馆，从民国总统府到省政府迎宾馆，带着历史的荣光与中西文化的交融，坐落于越秀山脚的广东迎宾馆，就像一首远方的诗，向世人一次次诠释着岭南美学、粤菜之魅和千年广州的海纳百川。

广东迎宾馆曾是广东省政府招待所，蕴涵着深厚历史文化底蕴。坐落于广州市解放北路，馆内古树参天，此地历史可上溯至537年的南朝梁武帝年间，曾是宝庄严寺、净慧寺所在，又是清朝靖南王府、平南王府和将军署，后被英国殖民者强占为领事馆。1949年南京国民政府行政院南迁于此。1952年迎宾馆正式开业，郭沫若先生亲笔题写馆名。迎宾馆为华南地区接待国家领导、国际友人的首选场所。

广东迎宾馆与历史名胜六榕寺隔路相望，环境幽雅，亭台楼阁，绿树成荫，素有"闹市中绿洲"之美称。这是一座富有民族建筑风格、设备先进的园林式国际四星级酒店，设备齐全；各具地方特色、格调别致的餐厅房30个，餐位1600个，汇集了正宗粤菜、潮菜、川菜、淮扬菜和西餐等；还配备了商务、旅游、美容、健身、娱乐、购物、车辆接送服务。这里曾接待过120多个国家和地区的外国部长以上政府代表团600多批，其中副总理以上代表团160多批，总理、总统代表团100多批。我国领导人和各省、市、区党政主要领导也曾在这里进行过外事活动和歇憩，见证了新中国外交发展的光辉历史。

迎宾馆内主要建筑包括白云楼和碧海楼，周围绿树环绕，清新静雅，翠绿景致，顿消劳乏！白云楼客房凝聚现代风格的经典设计，从豪华的套房到精致的标准房适随尊便，房间宽敞舒适，除宽敞浴室外还有单独梳妆间，处处匠心尽现。碧海楼曾为总统府，东方传统的风雅巧妙融进每一间客房，彩绘镂雕，古式家具，犹似南粤古韵悠悠流淌。

碧海餐厅位于宾馆北边具中国传统民族特色的碧海楼1楼，周边绿树成荫，参天古榕掩映。多年以来，达官贵人、才子佳人挤满了这座历史悠久的餐厅，宾客在席间觥筹交错的欢笑声，才子在桌案前饮酒作诗的爽朗一笑，佳人在琴弦上弹指间奏出的乐章，伴着楼外的青山古迹交织成一幅带着美妙声音的画卷。碧海餐厅全新装修后，厅房风格各异，提供正宗特色的粤菜。

宏伟华丽的宴会厅位于宾馆南部，历来是市民非常喜爱的阖家欢乐的美食胜地，尤其广东特色的茶市闻名羊城。多年以来，亦是举办600人的大型酒会、婚宴和国宴的场所之一。宴会厅外，美景秀色，宴会厅内也有多个小厅房供阖家融融。

宾馆旗下拥有多名粤菜名厨，其中行政总厨高文胜更是中式烹调高级技师、广东省"五一劳动奖章"获得者。他从事粤菜烹饪近40年，有着丰富的粤菜烹饪制作经验。自1987年入职餐饮业，从厨房水台做起，一路凭借自身不懈努力走到今天。他利用业余时间不断钻研烹饪技能，考取高级技师职业证书。一直以来，他秉承着做好粤菜的传承与创新的初衷，以国宴标准选材用料，营养均衡、色香味俱全的菜式既能满足政务商务宴请需求，也能让大众食客体验到国宾馆的出品。他带领宾馆菜研创新工作室成员一起研发和挖掘传统国宴菜式，制作并推出多款时令菜式，受到食客的喜爱。同时，由于他自身擅长食品雕刻，开设了多期食品雕刻培训班，让更多对雕刻有兴趣的人，了解食品雕刻和菜式装盘的魅力。

鲜果咕噜明虾球

采用东海深海明虾去壳开背，去除虾线后剔上花刀，裹上蛋浆拍上生粉后入油锅炸熟，配以时令水果，调以秘制糖醋，酸甜的口感老少皆宜。

天麻炖拆骨鱼头

　　选用云南深山天麻和河源水库大鱼头，将鱼头蒸熟后拆除骨头，配上云南深山天麻、宁夏枸杞炖煮90分钟，鱼的鲜味充分渗透在汤中。

白玉桂花奶

　　白玉，顾名思义就是羊脂白玉，蒸制好的白玉桂花奶宛如新疆羊脂白玉。牛奶选用内蒙古大草原无污染的放养奶牛所产，以1∶1的黄金比例配上农家散养的鸡蛋蛋清，用文火蒸制20分钟即可。上菜时，撒上中国桂花四大产区之首广西桂林的桂花，浇上从化野生蜂蜜，成品甜蜜中带着桂花的清香。

酒店美食星光时刻

"金钥匙城市宴"荣誉
大众点评2020年必住榜广州必住酒店
"广州老字号"品牌荣誉称号
粤菜创新工作室
携程"2021年好评推荐酒店奖"
劳模和工匠人才创新工作室

🍽 华厦大酒店：

╲ 珠水之上，奢享民国味道 ╱

元帅茶点

在广州，沿江而宿是每个人的终极梦想。

华灯初上，两岸的灯饰闪耀出岭南的风韵，艘艘流动的光影穿越了千年的风雅，这梦幻般的江畔生活，哪怕是刹那的风华，也将是永恒的美丽记忆。

在广州华厦大酒店，你不仅可以将这百里珠水纳入眼中，更可以深度体验舌尖上的粤韵风华，穿越民国过把怀旧瘾！

广州华厦大酒店由颇具历史内涵的广州华侨大厦改建而成，曾是全球华侨"回家第一站"，屹立于风光旖旎的珠江河畔，地处广州传统中轴线——海珠广场之上，云山珠水尽收眼底。酒店正门附设直通巴士往返港澳地区，是港澳及商旅人士云集打卡之处。

　　酒店楼高39层，拥有舒适的客房、公寓和2万多平方米高级写字楼。酒店客房采用岭南神韵与现代美学充分融合的独特设计，宽敞舒适的空间为住客缔造雅逸居停新典范。其中临窗浴缸的客房设计更可将蜿蜒的珠江余晖和美丽的城市风光拥揽入怀。躺卧在舒适的床上，遥望小蛮腰枕江入眠，甚是写意。

　　各具特色的餐饮场所为四海嘉宾提供琳琅满目的美食佳肴，有39楼桃源西餐厅、雅叙廊大堂吧等。其中位于39楼的全广州最高全江景西餐厅——桃源西餐厅，环境优美舒适，时尚高雅的西式设计风格巧妙融汇中式元素，充满幽雅怡人的情调。可提供特色自助餐及欧陆美食，品尝美食佳肴之余还可以俯瞰珠江美景。

　　翻牌率最高的当数华厦大酒店雅叙廊复刻推出的"元帅"同款下午茶，你有兴趣来品尝一番民国滋味吗？

元帅茶点

华夏大酒店的前身华侨大厦于1957年建成开业，是全国第一家专门接待港澳台同胞和海外侨胞的华侨大厦，大厦正门的名字由何香凝题写。华夏大酒店与孙中山大元帅府倾力合作打造出这套"元帅下午茶"，充分发挥了双方在文化和旅游方面的优势，纪念馆深入挖掘、整理馆藏文物的历史记载和见证人的回忆，酒店组织专业力量研发、还原孙中山与宋庆龄的饮食生活和背后的故事。

下午茶根据许淑珍所著的经典烘焙书*Any One Can Bake*（《西点制作》）中的民国传统糕点样式，比对现今市场需求情况、消费者关注度等多维角度，最终复刻出牛奶煮苹果、羽毛椰子蛋糕、八角茴香曲奇、纸杯蛋糕、浓香朱古力磅蛋糕等糕点，向传统致敬。为了还原近百年前的糕点风味，华夏大酒店点心部的吕师傅翻查英文字典了解烘焙书内容、学习英制计量和美制计量的转换，再对食材和技法进行替换、改良与创新，克服重重困难制作出了这些美味的甜点。

一款简单的牛奶苹果的配方，吕师傅希望在大众熟悉的口味上再做创新，他尝试对配方进行独有的二次创作，掌握烹煮的火候，每一条反馈都会被记录下来，不断修改、调整，经多次与大元帅府的领导一同研究、反复试验、品尝，最后复刻出这套"元帅同款下午茶"。

民国"初味"甜品系列，其中包括果遇"初味"（养生甜品牛奶煮苹果）、椰羽之翼（羽毛椰子蛋糕）、印刻茴香（八角小茴香曲奇饼干）、橙心橙意（橙纸杯蛋糕）、回首甜蜜（浓香朱古力磅蛋糕）等。来雅叙廊享受孙中山的同款下午茶和宋庆龄最爱的英式甜点，在西式茶盏中回味民国小资，就这个午后，还你一段高贵典雅、精致温婉的时光。

果遇初味（养生甜品牛奶煮苹果）

甄选优质新鲜的糖心苹果，经过特别烹煮，浓郁的牛奶加上苹果的酸甜，营养可口，酸甜适中，有种清新自然的感觉。

橙心橙意（橙纸杯蛋糕）

把橙子的香气做进蛋糕里，能吃到浓郁水果橘橙味，嚼到橘橙皮碎，甜而不腻，格外鲜甜。

回首甜蜜（浓香朱古力磅蛋糕）

经典传统的法式磅蛋糕，采用65%的纯黑巧克力，味道刚好，经过高温烘烤后，半融化状态的巧克力豆融合渗透入蛋糕体之中，口感扎实绵密，吃起来巧克力味重，带可可豆的苦，苦中带甜，一点也不腻。

印刻茴香（八角小茴香曲奇饼干）

采用新鲜牛油和八角小茴香等天然原料烘制，经过烘烤释放出浓郁的香气，略带焦香，松软可口，香料令曲奇的味道意外特别。

椰羽之翼（羽毛椰子蛋糕）

椰香浓郁，松软可口带着轻盈的口感，入口时椰奶散发的稠香，使得每一次和它的接触都令人回味无穷，让你一口接着一口无法停下。

酒店美食星光时刻

携程旅行网"2019年最佳人气酒店"
"2022年人气热卖酒店"
2021年马蜂窝旅行者之选
飞猪旅行"2022年最佳人气酒店"

🛎️ 凯旋华美达大酒店：
＼ 星厨出品，浪漫奇遇 ＼

在都市繁华中寻找诗与远方，在喧嚣城中觅得一方绿洲。

支一顶帐篷，邀三五好友，面朝小蛮腰，沐珠水微风，以繁木为屏，在上千平方米的辽阔草坪上实现身心与味蕾的闲逸洒脱。

广州凯旋华美达大酒店，就是这么一个梦幻般的城中酒店，转角皆可邂逅一段身心灵的浪漫旅程。

广州凯旋华美达大酒店是美国温德姆国际酒店集团旗下RAMADA国际品牌酒店。酒店位于市中心，傍依珠江，毗邻珠江新城商务区，环境优美，交通便利。距亚运会开、闭幕式会场海心沙步行仅需10分钟。酒店客房拥有宽大的落地玻璃窗，可直视广州塔，尽览珠江美景。

广州凯旋华美达大酒店汇聚中西美食，洋溢着浓郁异国情调的加利福尼亚西餐厅供应西式自助餐、套餐，备受国际友人青睐。3楼凯旋会议厅可容纳400人的大型会议；2楼华苑宴会厅是可以同时容纳500人的大型会议；帝苑宴会厅装修富丽堂皇，餐具高档精美，可以为240位客人提供舒适高雅的宴会场地及周到的宴会服务。经过全新装修的荷苑中餐厅一改粤菜餐厅的素洁传统，华丽升级，集中了大中华各地之特色美食佳肴，令中外食客大饱口福。11间豪华厅房坐拥珠江美景，面积达110平方米的3间贵宾厅房更配备了大屏幕等离子电视等先进设备，如画的江畔美景与美食相辉映，带给客人轻松愉悦的美食体验。

傍倚珠江、设备完善的酒店康乐中心，拥有近万平方米的户外草坪，草坪上建有湛蓝的露天游泳池、儿童乐园。康乐中心内还设有儿童游乐室、壁球室、室内恒温游泳池、健身房、桑拿房等多种设施。健身之余，还可与朋友在花园漫步，欣赏美景，绝对是健身爱好者强身健体、舒缓身心的好去处。

星厨之选，美味奇遇。广州凯旋华美达大酒店用食材碰撞出的别致味觉，食出真味，浪漫身心，你要的舌尖盛宴都在这里。

京葱爆海参

海参色泽鲜亮、柔软Q弹，葱段身为配角也毫不逊色，葱香浓郁，增味提鲜，二者相互映衬，牢牢锁住鲜味。

深井脆皮烧鹅

酥脆喷香的外皮色泽油亮，鹅肉则是弹嫩担当，香甜馥郁，汁水直流，蘸上特制酸梅酱，酸甜开胃又下饭。

香煎自制黑豆腐

纯手工自制黑豆腐，健康养生，切片后将两面煎出脆皮，嫩滑香脆的口感交织一起，回味无穷。

椰汁香芋芡实南瓜煲

清香的椰奶，软糯的香芋、南瓜和芡实，搭配在一起真的是超美味，奶香浓郁，回味无穷。

天鹅榴梿酥

散发着浓郁榴梿香的天鹅，表皮烤到金黄酥脆，焦香诱人，满满的泰国金枕榴莲肉"藏"在鹅肚里，一口咬下，外酥里嫩，满嘴留香。

醒胃子姜猪手

软糯酸甜的猪手，香而不腻，入口即化。吸收满满的胶原蛋白的同时，还可以开胃健脾。

主厨烧牛肋骨

牛肋骨肉质鲜嫩多汁，配合炭火烤制使肉质呈现微焦的口感，浓郁的肉味和咀嚼感，吃起来口感丰富。

客家腐竹蒸杂海鲜

　　鲜甜肥美的青口、鲜嫩饱满的扇贝和多款海鲜，搭配营养丰富、口感清爽的腐竹，吸收了海鲜的鲜味汤汁，让人回味无穷。

酒店美食星光时刻

中国中高端酒店运营竞争力100强
2018年度温德姆酒店集团最佳华美达"Best of Ramada"奖

🔔 远洋宾馆：
＼ 环市东CBD上的一抹蔚蓝浪漫 ＼

在广州环市东CBD，一抹蔚蓝的浪漫自带治愈力量。

她拥有湛蓝色的肤色，风帆般的袅娜身形，听说，与这个神秘的她约会，你不仅能听到"海浪"的声音，还能沐浴在无边深海中，从身至心均能忘掉世间所有的烦恼。

有人戏称这是国内最早的"亚特兰蒂斯"酒店，名叫广州远洋宾馆。

广州远洋宾馆地处广州最繁华的商务地段，是一家四星级豪华酒店，它以风帆式的独特建筑设计、浓郁的海洋韵彩、典雅时尚的艺术环境、尽善尽美的服务吸引着世界各地的游客。

广州远洋宾馆拥有标准房、商务房、豪华套房、商务套房和总统套房共370间。房间装修豪华典雅，配有电子保险箱、浴缸等设备，十分适宜商务客人居住。

27楼风帆西餐厅装饰一新，颇具欧陆风情，可鸟瞰环市东CBD夜景、云山美景以及小蛮腰等地标。餐厅经营正宗法式西餐、咖啡廊、酒吧，是知己相聚的最佳场所。倚栏眺望，可尽览羊城美景、领略海洋气息、品尝中西美食，享受到贴心细微的服务。

宾馆拥有容纳10至600人的大中小型会议室多间，配有投影机、高分辨率的LED显示屏、电子白板及高级音响设备，承接各类会议、宴会、酒会、招待会、讲座、小型展览会等。

　　作为越秀老城的老牌餐厅，远洋宾馆海龙中餐厅优雅大气，装潢高档，出品的粤菜更是精致美味，成为环市东中外宾客争相打卡的网红名店。

　　以蓝色为主色调的中餐厅处处洋溢着扑面而来的海洋风情——不是遥不可及的那种矜贵，而是充满精致大气的优雅感。没有繁杂的奢华装饰，但装修却简约、大气，在此用餐，仿佛置身神秘的海底世界，神秘、浪漫，却又让人内心无比宁静。

　　以海洋文化为主题的海龙中餐厅自然少不了琳琅满目的生猛海鲜、鲍参翅肚，更有丰盛茶点、富豪蛋白瑶柱炒饭、小米四宝煮海参、石斛玉竹炖猪腒、卤水花生等招牌特色菜等你来选。关于美食和味道一百个人有一百种追求，一餐合胃口的饭菜，足以慰一日疲劳，来海龙中餐厅尝尝吧！

国际会议厅

鸟瞰远洋宾馆

花椒爆脆鳝

　　花椒爆脆鳝是一道川味菜肴，其鳝鱼口感脆嫩，花椒香味浓郁，而花椒爆脆鳝就是根据这道名菜循广东人口味改进而成。将白鳝杀好起球形，青红杭椒切粒，白鳝球用盐、糖、味精腌渍，裹上蛋白浆煎至金黄色。起锅烧油，下入辣椒干，青、红杭椒粒和花椒炒香，加入少许盐调味，最后加入煎好的白鳝球，炒匀即可装盘上桌。鳝鱼肉经过短时间高温煎制后能有效锁住肉香，再经过炒制，花椒的香味慢慢渗透入内。

十三姨猪手

　　卤味作为粤菜传统的一个代表，历经多年的演变，口味不断改进。此菜融合了粤菜的卤味制作方式，放入了传统卤味不包含的13种香料进行调味，故名为"十三姨猪手"，创造出全新的味觉体验，口感上也与传统的广式卤味有所区别。把猪前蹄，也就是粤菜中的猪手洗干净，放入清水中，下姜片、料酒、白醋，煮1.5小时左右；取出放入冰水中凉透，再将猪手放入制作好的卤水并放冰箱保存，24小时后即成。作为海龙中餐厅的招牌菜式，此菜酱香浓郁，肥而不腻，一直令食客"食过返寻味"。

文火雪花牛肉

　　把牛小排表面的筋膜去掉，切成三两重一个的三角形；将切好的牛肉猛火入锅，放入姜葱和花雕酒炒香；加入高汤、白糖、牛肉汁、蚝油、牛肉粉、鸡饭老抽和陈皮，煲两个小时即可。此菜源自国宴菜品"文火焖雪花牛肉"，经改良而成。大厨精选进口的牛小排，脂肪分布均匀，有几乎入口即化的口感。牛肉细嫩易熟，在烹制时用很小的火焖制，在此期间加入调配的酱汁，将牛肉的汁水牢牢锁住，增加牛肉口感的丰韵程度。入口的牛肉鲜嫩无比，汁水浓郁，还有一定的滋补功效。

吊烧脆皮芝麻鸡

在吊烧鸡的基础上添加了芝麻，进一步增添了香气和口感。这道吊烧脆皮芝麻鸡一口咬下，外皮嘎嘣脆声不断，鸡肉鲜甜多汁，是色香味兼具的佳肴。

XO酱海虾粉丝煲

粉丝吸饱了虾油和汤汁，真的很入味！粉丝和虾肉裹满了浓郁的汤汁，嗦得一口满满的幸福味道……

酒店美食星光时刻

全国百佳星级饭店
中国酒店金樽奖十大首选商务酒店
广州国际旅游展览会最受关注酒店品牌

🍽 白云城市酒店：

＼ 千年商都品经典粤味 ＼

　　人流如织、商户林立，流花商圈，守护着广州"千年商都"这一金字招牌。

　　而见证"千年商都"潮起潮落的，除了火车站熙攘的人流与服装批发市场的转型升级外，还有广州火车站东侧的一家三星涉外旅游商务酒店——广东白云城市酒店。酒店于1998年开业，由广东省旅游控股集团有限公司授权经营，地理位置优越。位于繁华的商贸中心，毗邻锦汉展览中心和多个知名的专业批发市场，拥有181间客房，配套餐厅设施齐全。

　　20多年来，酒店在发展进程中不断形成自己的企业文化，面对激烈的市场竞争，酒店秉承"宾客至上，服务第一"的宗旨，力求达到"不断创新，与时俱进，精品商务酒店"的发展目标。在逐步发展企业文化的同时，注重培养员工最热忱的服务理念，为来自五湖四海的宾客营造亲切、快捷、舒适、安全的住宿环境，让宾客真正感受到白云城市酒店是商旅人士的理想居所。

百花酿蟹柳

　　百花酿蟹柳是酒店餐厅的经典传统菜式，用鲜虾仁纯手工拍打成虾胶，加入少许肥肉粒调好味，包入蟹柳成椭圆状，再裹上面包糠，放进150℃油温炸至金黄色即可。配上沙拉酱口感更浓郁。色泽金黄，外酥里嫩，虾肉鲜香爽口！

玉带围

　　玉带围的主要食材是竹笙与芦笋，以金汤为芡。竹笙香味浓郁、滋味鲜美，自古就被列为"草八珍"之一，含有丰富的氨基酸和维生素，具有益气、宁神的功效，还可养阴、润肺、提高人体免疫力，防止腹壁脂肪堆积，有"刮油"作用。而芦笋含有人体所必需的各种氨基酸，实乃宴上的一抹青绿。新鲜的膏蟹，膏肥蟹美，搭配清爽的芦笋和美味山珍竹笙，蟹黄犹如黄金，芦笋绿如翡翠，竹笙宛如白玉，故名金镶玉带围。鲜嫩的芦笋配上山珍竹笙吸入鲜美蟹黄，四时之美，一盘盛上。

　　之所以取名"玉带围"，皆因古往今来，"玉"字在人们心目中代表着美好而高尚。玉对中国古代的政治、礼仪、商贸、图腾、宗教、信仰乃至生活习俗和审美情趣所产生的深刻影响，是其他任何古器物无法比拟的。

🔔 广东大厦：
枕越秀山文脉，承羊城大美

越秀山，广州2000年文脉起点。

中山纪念堂，纪念孙中山先生的建筑瑰宝。

在广州两大地标之间，有一座酒店承载了越秀山上的悠悠文脉，连接起中山先生的丰功伟绩，追忆城之缘起，探寻古之楚庭，让深厚岭南文化与广东人的革命、开放精神在此完美交融。

广东大厦，北枕越秀山，西依中山纪念堂，承羊城之大美，广州文脉，在此奔向珠江，糅合岭南建筑、粤菜文化等形式延续至今。广东大厦建筑外形分层收缩酷似一个宝座，融入羊城千年文脉，把灵动的流水引入室内造景，与附近的五羊塑像、五层楼、孙中山纪念碑、中山纪念堂等中轴线历史性建筑物交相辉映。"越秀山下，好客人家"，正好体现了广东大厦诚迎天下客的人文情结。

广东大厦是拥有500间客房的四星级酒店，广东大厦主楼高21层，首层和2层分布着大小餐厅24间，经营南北风味中西美点。3层会议中心拥有大小会议厅多达18间，其中国际会议厅配有数码式同声传译会议系统，并可兼作舞厅、文艺晚会之用。大厦外形别致，多层天台绿荫环绕，裙楼筑有天台花园，大堂宽敞气派，流水潺潺，一派浓郁的南国风貌。酒店各种服务、娱乐、商务、会议设施齐备，中西美食佳肴荟萃，是商务旅游、公干、会议的理想住所。

广东大厦中餐厅以"沁粤酒家"命名，是广东大厦最具标志性的中餐厅品牌，"沁粤"二字，体现餐厅以让粤菜沁入人心为主旨，以倡导健康饮食为理念，精心为每位宾客提供臻善臻美的服务。

沁粤酒家共分上下两层，装修极具品位，进门处郁郁葱葱的迎客松显得高雅精致。走廊和包间挂有许多名家名作，文化气氛极浓，餐椅舒服且高端！沁粤酒家设有24间厅房，顶级粤菜后厨团队传承粤菜经典，创新烹饪技艺，打造充满广州特色的舌尖上的盛宴。

功夫汤

功夫汤是必点的，这可是荣获世界金奖的名菜！汤料特别丰富，打开盖子，香气扑鼻，小海马、猪里脊、虫草等清晰可见，塞满整整一壶！用功夫茶杯做碗，从紫砂壶中缓缓倒出，仪式感满满！

芙蓉美果笋壳鱼

笋壳鱼的特点就是少刺，肉质很嫩，这道菜端上来时，上面的小圆球乍一看以为是蛋黄，没想到居然是杧果，鱼下面是铺满一层厚厚的蛋清，嫩嫩滑滑的，不得不佩服厨师的创意！

红烧乳鸽拼雀巢

乳鸽外皮一点都不焦，十分酥脆，色泽红亮，看着特别有食欲，肉质细嫩，咸淡也刚刚好。

潮汕卤味

唇齿留香的自然韵味，一缕卤香，传递潮州美好风俗。一块入口，咬出一段潮州卤水的情怀。

XO酱芦笋炒澳带

这是道创新粤菜，选用特级澳洲雪白带子和鲜嫩的芦笋，搭配彩椒片、木耳一起炒，色泽诱人，吃起来可口清爽，一口下肚烦恼统统走开。

荔湾荷花豆腐

这是一道硬核功夫菜，豆腐用山泉水和有机黄豆配制，配上嫩荷尖绿叶制作，莲蓬挖空底部加入荷花瓣造型；将牛肝菌酱和海鲜菇调味煮香放入莲蓬内，用黄豆熬素菌汤调入金瓜汁调味调芡待用；炒西兰花上碟；烧油炸制豆腐，快速升高油温，翻油一次确保豆腐上面的绿叶色泽，上碟造型淋上金汤汁即可。一块入口，外脆内嫩滑，老少皆宜，回味无穷。

低温慢煮大连鲜鲍

选料特别，选用原只北京番茄、大连鲜鲍，再搭配青豆、茄酱增加丰富的味道层次感，看着色泽诱人，品尝一口，开胃味美，沁人心脾。

酒店美食星光时刻

 2017年最佳商务酒店奖

🔔 流花宾馆：

╲ 落花有意，粤味无边 ╱

千年前，"流花"是一个关于思亲之情的美丽传说。这里的南汉宫女晨起梳妆，掷残花落水，以落英为讯，寄思亲之情。

千年后，"流花"是一个名动天下的物流神话与商贸地标。这里的服装批发市场、火车站、省市汽车站、广交会旧址人头攒动，成就了羊城经久不衰的商业神话，也催生出流花宾馆这一千年商都最绚烂璀璨的旅游业经典。

广州流花宾馆是岭南商旅集团旗下岭南精选酒店品牌成员，是广州老牌四星级商务会展酒店。2022年，流花宾馆建馆50周年之际，被广州老字号协会评定为"广州老字号"企业。1972年初，在周总理亲自批示下，流花宾馆动工兴建，并于同年10月8日开业，用以接待每年春、秋两届交易会的中外来宾，成为当时广州为数不多的涉外宾馆之一。因此，流花宾馆设计以商务实用风格为主，服务上更是以星级饭店标准为根本，致力为宾客提供高品质商旅体验。

因坐落在流花湖畔，缓坡较多，流花宾馆因地制宜，利用自然地形倚坡而建，体现了人与自然和谐统一的理念。宾馆开业以来接待无数来自五湖四海的宾客，享誉中外。

宾馆位于流花地区服装批发采购、物流之中心地带，与广州火车站、省市汽车客运站、地铁二号线及五号线、机场快线巴士站及各大服装批发市场相邻，商贸发达，交通便利。宾馆拥有237间客房，设有中、西餐厅和会展中心，其他配套设施及服务一应俱全，广交会期间提供往返琶洲展馆的穿梭巴士服务。

虽然历经岁月洗礼，但流花宾馆风华不减，活力依然。坐落于越秀繁华商业区的流花宾馆，地理位置卓越，适合商务会议宴请，四周拥有众多广州地标性景点，是抵粤游客居停便利之选。

流花会展中心作为流花宾馆重要配套设施之一，拥有凯悦厅、豪悦厅、新悦厅等5间不同规格的多功能厅，可举办10到500人不等的会议和宴会。

流花宾馆拥有标准双人房、豪华大床房、行政商务房、亲子主题房、豪华行政套房等多种房型237间，提供舒适垫、金枕头等个性化服务，满足商务差旅各种需求。

流花宾馆的文苑大酒楼融合时尚风格及岭南文化，以精美传统粤菜、茶点及中式风味佳肴吸引四方宾客，让宾客在优雅的环境中品茗畅聚、感受粤菜之美。

超然流花鸡

此菜虽名为鸡，但却不仅是鸡，除了挑选良种鸡再配上腌料做成经典粤式白切鸡外，还使用白花胶酿花菇、虾球、鹌鹑蛋、土鱿、鱼球等传统粤菜美味摆拼成凤凰展翅模样，是一道切切实实的"菜中菜"。这道菜式外形惊艳，搭配丰富，营养全面，还体现着广州人对美食的执着追求，还有广州"慢生活"风格蕴含其中，就像一句经典粤语所说的"精工出细活"。

桂花添异彩

原料选用1.3斤以上的桂花鱼，肉质才够饱满。桂花鱼的头尾使用油炸定型，表皮金黄。鱼身剔除主骨后鱼肉切成薄片，包卷金华火腿和青笋丝，这一步十分关键，非常考验师傅的"手工"和经验，过轻的话无法卷牢火腿、青笋，过重则会损坏鱼片造成浪费。鱼肉卷快速过油后再焖包上琉璃芡整齐排列作为鱼身。四周伴上鲜嫩菜胆和蔬菜雕刻的蝴蝶、蜻蜓，色彩丰富，清新脱俗，色香味俱全。

蔬果沙律提子骨

这是流花宾馆"岭南精选"菜式，自推出以来深受顾客喜爱。在试菜阶段，菜式并没有达到理想的效果。在考虑到室内温度、湿度、从后厨到

餐桌的距离和顾客品味的时间后，最终决定把沙律和薯片分开置放。除了科学地研究伴菜和摆盘，对于主角——排骨可谓精挑细选。选用优质猪种的前排，搭配酸甜可口的酱汁，排骨的大小长短都要严格把控，多一分少一寸都会影响最终菜品的入味程度和鲜嫩口感。

青芥螺片捞鸡

严选的优质鸡种配上白切鸡的做法再手撕成条，加入鲜甜的新鲜响螺片，最后再浇上秘制青芥酱汁。陆上禽类遇上海中贝类，口感层次和鲜香甜美在舌尖上绽放，在传统菜中吃出新口味。

流花姜汁糕

姜汁糕从选取原材料——小黄姜，提取姜汁，调配椰浆，到高温蒸煮包装，完全由店家手工制作，不添加任何的防腐剂。在这个机器制作食品的年代，坚持纯手工炮制糕点，体现的是店家的匠人匠心。

酒店美食星光时刻

2020年"粤菜师傅"技能大赛金奖

🛎 三寓宾馆：
╲ 寓之者忘归，品之者温暖 ╱

　　这里是老广州最复古典雅的美丽乡愁，这里是广州城最洋气的文艺担当。

　　493栋红墙绿瓦的老洋楼，在满目绿植、柱式门廊拱卫的中西合璧小花园环绕下，穿越了悠长的百年光阴。

　　在这片红黄绿相间的民国建筑群中，一幢充满现代韵味的酒店屹立其间，以白色外立面、绿色落地玻璃的璀璨光影折射出老东山现代化的蝶变。

　　坐落于东风东路与中山一路之间的三寓宾馆，是东山最早的现代建筑之一，楼高18层，副楼高13层，客房480间，院内环境优越恬静，花园叶绿花红，流水潺潺，与院外红砖清水外墙的东山洋房融为一体，贵气、复古，集历史韵味与烟火气于一身。

　　广州三寓宾馆是在原广州军区第三招待所的基础上兴建起来的。1984年，中国人民解放军徐向前元帅为宾馆起名并题写馆名。30多年来，三寓宾馆先后接待国家领导人50余人，并成功接待中央电视台"心连心"艺术团、俄罗斯交响乐团、全国六运会跳水代表团、第九届全国少数民族运动会新闻媒体代表团、国际军体联射击锦标赛代表团等，跻身国家涉外饭店百名排序行列，广州酒店30强排名中位列第九，先后获得"全军质量、效益双佳"饭店、广州市十大餐饮明星企业、最佳优质服务企业、最佳经营环境企业、广州地区"百佳"餐饮企业、广州地区最受欢迎婚宴酒楼；香港国际美食促进会颁发"国际美食名店""全球500家最佳特色餐馆"以及"广东省诚信示范企业"、食品安全A级单位、十佳婚宴品牌名店、粤港澳十佳餐饮名店、广东酒店餐饮品牌20强等荣誉称号。

　　三寓宾馆由骏晖楼和春晖楼两栋楼组成，拥有各类客房近480间，拥有18个不同规格的多功能会议室，多个风味各异的餐厅，并有商务中心、康体中心、美容中心、游泳池、茶艺馆、大型停车场等完善的配套设施。

《说文》曰："寓，寄也。"宾馆以"寓"字为名，旨在使宾客莅临宾馆时有宾至如归的感觉。在这名流云集的老东山，寓之者忘归，游之者忘倦。"寓"是归宿，是家的感觉，更是舌尖上温暖的回味。

三寓宾馆中餐厅锦苑食府拥有豪华大小厢房、多功能宴会厅及散点厅，总餐位1200多个。其中国际宴会厅为高空无柱设计，可同时容纳40席的高级宴会，其他多功能厅装修豪华，配备完善，服务一流。既能接待顶级宴会，又是商业会晤及举办中西式喜宴、酒会的最佳场所。锦苑食府秉承"粤菜新作，湘菜精品，健康美食"的经营理念，在社会和业界都受到极大的关注，深受顾客的喜爱，先后荣获广州十大明星餐饮企业最佳优质服务奖、第16届广州亚运会官方指定接待单位、广东省酒店餐饮品牌榜20强、中华美食群英榜粤菜名店等荣誉。

鲍罗万有

此菜在2016年3月被中国烹饪协会评为"中国名菜"，并荣登2021年"广州金稻名菜榜"。选用产自大连的新鲜鲍鱼、有机的燕麦和红腰豆，配上精心熬制好的鲍汁烹饪而成，再以粉糯香甜的小金瓜盛装上桌。鲍鱼鲜嫩，燕麦爽口，红腰豆粉甜，共冶一炉后鲜美升级，各式美味完美融合。大连鲍鱼是中国最为优质的鲍鱼品种，营养价值非常高，中医认为，鲍鱼具有滋阴补阳、止渴通淋的功效，而且它补而不燥，更具食疗价值。

三寓水煎包

　　三寓水煎包有着35年的历史传承，曾获"粤港澳金牌名小吃"称号。三寓宾馆的前身是原广州军区第三招待所，提起三所，人们最爱的就是北方面食。饭堂有一位对包子情有独钟的老兵，千里迢迢到河南驻马店市拜刘姓大娘为师，终于拿到独家秘方，经千锤百炼、精益求精、不断改良，由原来的蒸包最终演变成今天的水煎包。何为"水煎包"？就是通过最为传统的水煮、汽蒸、油煎手工技艺，边蒸边煎而成的包子。蒸与煎的时间恰到好处，面皮松软有嚼劲，底面金黄酥脆，咬一口鲜嫩多汁、飘香四溢，其面皮有庆丰包子的劲，馅有天津狗不理包子的味。三寓水煎包集两大中国传统美食特色于一身，借鉴天津狗不理包子的馅、北京庆丰包子的面，集众家之长，形成了目前风味独特的三寓水煎包。

"老虎洞"酱猪手

　　三寓酱猪手来源于"老虎洞"，一处外表平阔看上去就像宾馆的地方，走进深处有一个防空洞，深而不漏、别有洞天。20世纪70年代初期这里是首长们休养的地方，当时老虎洞炊事班一位厨师做的猪手深受首长们的喜爱，被称呼为"大酱猪手"。后来这位厨师转业到三寓宾馆，继续研发，随着时代的变迁，人们对美食的追求变化，经锦苑食府长期研制，演变成了今天的一道深受广大消费者欢迎、回味无穷的佳肴——"老虎洞"酱猪手。三寓招牌猪手先后多次荣获"中国名菜"和"美食金奖"。精选450克—500克优质猪前脚，采用焯水去油、先煮后浸、热冷交替等传统工艺，在特制的潮州老卤水浸泡两个小时以上，使其肉香可口，风味独特，肥而不腻，常吃不厌。猪手老少皆宜，含有丰富胶原蛋白，营养丰富，强身养颜，尤其深受广大女性朋友的喜爱。

 酒店美食星光时刻

舌尖上的中国粤菜名店
粤港澳最佳会议会展酒店

🔔 珀丽酒店：

海珠岛心，
体味广州版"江南style"

　　海珠，一座珠江上的千年商都、文旅之岛。

　　从越秀山上的秦代任嚣城发轫，广州的文脉一路向南，越过珠江，与海幢寺的晨钟暮鼓、十香园的岭南画韵、大元帅府的革命硝烟、康乐园的翰墨书香、江南西的华灯璀璨、广州塔的冲破云霄串珠成链，演绎出专属于广州的"江南style"。

　　江南方一日，江北已千年。如今的海珠岛一飞冲天，东有琶洲数字经济示范区，西有江南文商旅融合圈，左手科创，右手文化。但无论岁月如何流转，从20世纪80年代海珠开启现代化路径至今，居于C位的一直都是江南大道上的文旅地标——广州珀丽酒店。

广州珀丽酒店前身为江南大酒店，2002年珀丽酒店集团接手后，酒店重新装修，整体风格豪华典雅，焕然一新，继续传承海珠地标的繁华昌盛。酒店坐落于海珠文商旅融合圈内，毗邻闻名遐迩的江南西商圈，与广州美院、中山大学近在咫尺，是广州市首家全客房免费宽带上网、距离琶洲国际会展中心最近的四星级商务型酒店。至今，广州珀丽酒店仍是海珠

酒店大堂

区市民及游客争相打卡的高级酒店，也是海珠几代人的集体回忆！

广州珀丽酒店是集商务、饮食、娱乐于一体的酒店。酒店拥有装修豪华、格调高雅的客房及套房，房间内具有多频道电视系统、电子保险箱、迷你酒吧等，为商务旅客提供了完善的设施。

广州珀丽酒店内云集中西高级食府，荟萃中西美食之精华，宾客于舒适优雅的餐厅环境里，尽尝世界各地之美馔佳肴。

位于酒店大堂的协奏坊是海珠区颇具人气的餐厅之一，以性价比超高的自助餐而闻名。一进入餐厅，映入眼球的就是无限量供应的海鲜盘！还有琳琅满目的牛扒、猪扒等硬菜等你来pick（选）！鱼生刺身、特色热

东南亚美食

菜、铁板烧烤、滋补炖汤、甜品水果等任君选择。中西百道料理，应有尽有，新鲜肥美的海鲜齐聚，招牌热菜聚集海派美食，特色烤扒肉食、精美甜点轮番轰炸。

　　海鲜区供应北极甜虾、冻蟹、夏威夷扇贝、新西兰青口、鱿鱼、白贝等应有尽有，日料刺身每日新鲜现切，醋鲭鱼、希鲮鱼、鲷鱼、八爪鱼等每一块都切得很厚实，不限量任取，刺身入口鲜甜，非常好吃。

　　熟食区供应北京片皮鸭、德国咸猪手、法国红酒烩牛肋条、迷迭香烤羊腿、盘龙酿茄子、茶树菇爆牛柳等热盘丰富多样，更有东南亚特色美食泰式香茅烧鸡、椰香咖喱牛腩、青柠酸汤蒸鱼，还有特色避风塘香辣虾、粤式虾米冬菇腊味饭、广式烧腊、烤鸭样样齐，餐厅每天采购当地新鲜的食材精心烹制。

　　各式各样的烤肉串、煎牛扒、猪扒、鱼扒随便吃都可以回本，还有粤式点心虾饺、烧卖、凤爪，喷香美味停不下来！每日不同的滋补老火靓汤，清热下火，生津解渴！

　　凉拌区供应蟹子沙拉、各式风味凉拌菜、泰式无骨凤爪酸辣上头。甜品区水果沙拉、雪糕、蛋糕、蛋挞小巧精致高颜值，还有现磨咖啡、可乐、果汁、酸奶与美食相伴。

　　吃完了主食，再品尝当季水果和甜点结束这趟自助美食之旅。

泰式香茅烧鸡

　　鸡肉经过精心腌制后加上香茅及各种泰式香料，吃起来外表焦香里面鲜嫩的口感，清爽而不腻，在协奏坊也能体验泰国风味！

避风塘香辣虾

港式经典名菜，选用新鲜活虾，炸炒香辣入味，虾皮色泽金黄，外壳酥脆，虾肉鲜嫩多汁，实在令人回味无穷！这道菜品口感丰富，蒜香味直达心扉，唇齿留香！

酸汤鲜鱼

酸菜和无骨鱼片的绝妙搭配，吃起来滑嫩无腥，酸辣可口！一上桌就飘香四溢，有少许辣椒和花椒，保留了鱼的鲜味，唇齿间都弥漫着浓厚的鲜味。

虾米冬菇腊味饭

广式腊味饭选用高品质腊肠、腊肉，搭配冬菇、虾米香炒，保留了食材的鲜味，荷叶淡淡的清香更加衬托出腊味的香气，色泽诱人，看着就流口水！

法国红酒烩牛肋条

西餐中经典菜，高品质红酒烩制出的牛肋条，蘑菇香气和酒香味十足，肉质入味不油腻，一口接一口，"食肉兽"十分满意的菜式！

迷迭香烤羊腿及厚条西冷

鲜嫩多汁的一整条烤羊腿，你值得拥有！每一片羊肉，都散发着迷迭香的香气，无比诱惑，厚条西冷香味十足，不用担心精致小块，每一片肉现场厚切，让人大快朵颐，超满足！

酒店美食星光时刻

安可达颁授2019年金环奖
美团2020年度最佳商务酒店
2021年度旅划算最佳合作伙伴

🍽 新珠江大酒店：

╲ 粤味鲜香，食在广州 ╱

珠江潮涌，灯火璀璨，时代更迭的大幕在绚烂夜景中徐徐拉开。

珠水南岸的海珠，向西是过去，向东是未来，向左是古榕参天的千年岭南风韵，向右是璀璨耀目的广州塔与互联网中心。而新珠江大酒店，面朝奔涌的珠江，正位于两个时代的交汇中心，更是珠江文化与潮汕味觉的交融之处。

新珠江大酒店濒临珠江，坐落于滨江东大型围合式滨水庭院社区，位于二沙岛对岸，南依中山大学，环境优美，珠江新城与广州塔的世界级夜景尽收眼底。酒店旁拥有2万平方米大型欧式皇家园林，内有亭台轩榭、喷泉雕塑、花草树木、游泳池、风雨长廊，并与星海音乐厅、广东美术馆隔江相望。酒店4层以上的全新豪华标准客房、豪华套房及商务、行政、总统套房共175间，各房间内装修得美轮美奂，设计安逸雅致，每一间客房都配备奢华的床上用品、专业品质的浴室，以高科技的设备与甄选用品构筑出典雅舒适的旅居空间。宾客置身其中既温馨又舒坦，宽敞的房间内设施齐全，包括国际直拨长途电话、迷你酒吧、豪华浴间、电视、国际互联网、音响系统等，5间相近的多功能会议室和可容纳210人的剧院式会议室，更适合商务洽谈。设计上融合了城市文化艺术底蕴、中医中药健康元

素和丰富的历史内涵，以当地独特风景为依托，将本地的特色与现代融会。一切是那么融合于景，又是这么与众不同。

餐饮设施包括珠江茗点，专营潮菜，可提供自助餐；2018年6月竹溪喜宴酒家进驻，以最优质的原材料，打造最实惠的美食。竹溪酒家于2003年11月开业，以鹅扬名，经营地道粤菜，本着"好食、抵食"的经营宗旨，以"平、靓、正"的菜式出品吸引食客。开业至今，已有20间门店，让"竹溪"二字成为"食在广州"的标杆品牌，也是喜庆宴席最佳首选。

冰山豆腐

由正高级工程师中国烹饪大师林汉华通过半年多的实践摸索，采取单用蛋清，不用任何添加剂的制作方法，打破传统的制作方法，研制出不用传统石膏或盐卤制作的"冰山豆腐"。这样制作的豆腐比传统制作方法的豆腐口感更加嫩滑，豆味香浓，而且没有传统豆腐的添加剂，最重要的是产品质量稳定而且健康。其在2000年广州国际美食节被评为名牌美食，同时也被中国贸易部评为"中国名菜"。

手抓漏汁烧鹅

烧鹅是广府特色菜品，而手抓漏汁烧鹅更是其中一绝。此菜在广州国际美食大赛中屡获殊荣，深受广大食客喜爱。选取放养60天，圈养30天，重约9斤，喂食稻谷、溪水长大的黑鬃鹅为主材料，由经验丰富的烧腊师傅改良，用独特配方精制而成。

先将毛鹅放血，脱毛处理干净，将内脏掏出，斩去脚翼，洗干净；准备好调味料，填入鹅腔里擦匀腌渍1小时；然后要经过吹气、碌皮、过冷、扫皮水、钩挂、风干、烧制、出炉、放汁、斩件、摆盘、淋汁多项工序，才能完成整个菜肴的出品。

要品尝到一个引人食欲、色泽光亮、肉嫩藏汁、肥而不腻、皮质酥脆、无腥味、有嚼头的脆皮烧鹅，全靠烧腊师的技术经验。烧好的烧鹅放去内汁，原只摆上台面，色泽诱人，香气扑鼻，虽然达不到高尖华雍，但不失大方端庄、光彩夺目的感觉。用剪刀大块卸下来，用手抓食更有蒙古族抓特色，是招待贵宾之佳品，被中央电视台经济频道专题报道！

胡椒炒肉蟹

胡椒蟹来自新加坡，原本以黑胡椒炒制，但香味和辣度并不是太适合广州人。竹溪喜宴的这道胡椒蟹，采用了4种不同的胡椒配合，避免过重的辛辣，以达到粤菜"和味"的意境，鲜香入味，香辣爽口，辣中保留着蟹的鲜，鲜中透着辣的香。

竹溪第一鸡

此菜选用清远农场的走地鸡，以谷米喂养，养足168天，成品鸡味浓郁，皮爽肉滑，皮薄脂肪少，曾在广州"百鸡宴"中获"广州十大名鸡"前三名。

🔔 广州十甫VOCO酒店：

穿越百年岁月，品味广府之美

推开趟栊门，踩着麻石路，漫步深巷间，倾听西关大屋、岭南骑楼合奏的粤韵风华，感受西来初地、海上丝路吹来的西风东渐。

人说"岭南文化看广州，广府文化看西关"，在西关，你可以穿越百年，梦回清末民初，邂逅风姿绰约的西关小姐；你可以穿梭永庆坊、上下九，寻觅古老的记忆，品味西关美食的清雅细腻；你还可以登上广州十甫VOCO酒店（原西关十甫酒店），看历史与盛世在这里撞了个满怀，鸟瞰广版"清明上河图"的繁华。

这里是广州十甫VOCO酒店，藏于岁月深处、充溢着广府风情的四星级宝藏酒店。与大多数酒店相比，这家酒店地理位置得天独厚，坐落于历史悠久的西关地带，不仅毗邻著名的上下九商业步行街，且著名的沙面岛、永庆坊、荔枝湾、粤剧艺术博物馆、陈家祠等久负盛名的景点近在咫尺。当你选择广州十甫VOCO酒店，就能享受购物天堂之乐，体验广府文化之精髓！

酒店设计以西关文化为主要元素，踏入酒店即可感受到浓厚的西关历史风格，体验独树一帜的岁月情怀，与现代设计元素相结合，体现出荔湾"老城新貌"的风格特色。

酒店拥有282间别具一格的客房，面积宽敞开阔，不仅有经典风格的客房，更有融合西关元素和适合家庭出游的特色客房任君选择。其中主打特色岭南精选房，以现代设计与西关文化相融合，体现了西关中外文化结合的传统，独树一帜，又不失舒适惬意。如果一家老小来入住，当然要选择亲子家庭套房，配上卡通装饰，孩子爱上就不愿走。

正所谓"食在广州"，选择广州十甫VOCO酒店，自然不能错过餐厅美食，分分钟让你"撑得扶墙出"！酒店拥有各具特色的TOCO自助餐厅、滋味馆、十甫轩、大堂酒廊。为宾客带来环球特色美食的同时，也是共度欢乐时光的理想之选。来自世界各地的国际星级名厨，以其精湛的厨艺、崭新的饮食理念、贴心的专业服务为你呈献殿堂级的餐饮美食，臻致呈现吃在广州的精粹所在。

TOCO自助餐厅高端简约的现代风配以传统岭南西关元素，极具特色。金属格子屏风营造一种视觉的冲击，苍翠欲滴的绿植墙仿如置身春日野餐盛宴，简约舒适的餐桌椅让用餐倍感愉悦，使用精致的餐皿犹如化身城堡的主人，传统的花街砖和岭南窗格仿佛重回西关旧时代，简约的木纹和不规则饰面又瞬间重回新时代。新旧的碰撞，视觉的穿越，带来无与伦比的用餐体验。

餐厅设有熟食区、日本料理区、烧烤区、水果区、甜品区、海鲜区、包房区，更有户外观景区。区域齐全，功能齐备，无论是日常或团队自助餐，或是西式庆典及婚宴，均是极佳选择。

滋味馆全新装修，设计保留欧洲古典建筑氛围，依窗而坐便可欣赏窗外一抹画意蓝天、一片绿意盎然。户外观景露台中西合璧的小心思运用于各处细节中，身处其中恍如穿越过去，体验一段时代变幻之旅。想要品尝南北风味的菜，这是绝佳选择。

十甫轩中餐厅设有4个精致包间，可设60个座位。由名厨主理，将驰名中外的粤式饮食文化诠释得淋漓尽致。餐厅可为你奉上传统南粤点心、小炒、西关美食。怀旧墙砖、手工青花碗，勾勒出曼妙而古朴的广府风韵；满洲窗外，骑楼街下，上下九步行街充盈着西关风情。以广府风情下饭，这或许是你的美食初体验！

有30年酒店经验的大厨华哥说："鲍参翅肚做得精，小炒点心做得好，方能留住'嘴刁'的广州人。"十甫轩不时为食客奉上"惊艳新作"：用上等海虎翅混搭金瓜，并配以老鸡、赤肉、瑶柱等材料熬制8小时而成皇烧汁，为粤菜中常见的鱼翅带来全新味觉享受；或以炸得香酥的深海墨鱼肉搭配泰国鸡酱，酸酸甜甜中渗满了海鲜的肉味，爽口而香脆，为下酒小菜极品。难怪大厨华哥也有自己的一帮"粉丝团"，时常呼朋结伴来十甫轩捧场。华哥对食物有着坚持和执着，主张"传统+创新"。用心把菜做成艺术品呈现给大家观赏和品尝，店中的招牌菜"金丝凤凰"便尽显师傅功力。而从茶市到饭市，美食在唇齿之间唤醒了记忆的味道，让饕客们愉悦地享受怀旧西关的星级用餐体验。

金丝凤凰

正所谓"无鸡不成宴"，在广州人的心目中，鸡是一道传统美食，也是情怀寄托。总厨演绎"飞上枝头变凤凰"，改变传统的白切鸡做法，告别了

姜蓉搭配的食法。精选优质清远鸡，经过厨师
独特手法制作出皮滑肉嫩的白切鸡，把精选肉
姜浸泡过滤，炸干水分做成姜丝。尝一块白切
鸡搭配姜丝，姜丝的香味和白切鸡的鲜味顿时
充满口腔，细细咀嚼，齿颊留香。

牛油果虾球

　　新鲜水果遇上海鲜，让味道"鲜上加鲜"。
这是一种新派做法，水果与海鲜相碰撞，小清新
的口感既保留了水果的营养又有大虾的鲜味，中
西合璧。炎炎夏日，清新的感觉满足了顾客味蕾
的需求，配搭总厨匠心独制的酱汁，令人爱不释
"口"。

飞天面龙虾

　　总厨曾在零下5℃的寒冷天气下，发现面食在冷冻后会呈现出"飞天"的视觉效果，经多次改良，将"飞天面"做成飞天的摆盘配搭。先将面条提前炸好固定造型，面条在没有支撑的环境下，魔幻般竖立起来；采用秘制黑松露酱将龙虾翻炒，再加入忌廉牛油调味。口感层次丰富，既有龙虾的鲜味又有黑松露的香味，两种高端食材的搭配，演绎出食的"艺术"。

十甫有米猪

总厨热衷设计多款精致兼具创意的菜式，就如"十甫有米猪"便是传统乳猪的变奏版，"有米"代表着粤语"富裕"的意思，将菜名层次升华，寓意吉祥富裕，是每逢喜庆佳节必点的一道美味佳肴。厨师采用了5—6斤的乳猪，肉质嫩滑，高温烤制，里面加入樱花虾和糯米制作的糯米饭，糯米减少了乳猪的油腻，樱花虾丰富了乳猪件的口感，色泽金黄，外酥里糯，入口即化，肉香缭绕，令顾客赏心悦目。

十甫皇烧翅

原只金瓜中承载着足料鱼翅（鱼翅品种可由食客选择），浇以熬制8小时的皇烧汁，翅针晶莹饱满，分量十足。金瓜中和了鱼翅的饱腻感，更符合现代人的健康追求。

鲍汁玲珑鲍贝

备受食客欢迎的招牌菜，软滑的9头鲍贝货真料足，配以火腿、老鸡、章鱼、猪脊骨等熬出的香浓鲍汁。吃完鲍贝，以日本风味的炸锅巴饭蘸上鲍汁同食，更加鲜香浓郁，口感独特。

广东胜利宾馆：

欧陆情怀，广府滋味

　　每个城市都有一个传奇式的百年酒店，伦敦有萨沃伊酒店，上海有和平饭店，而广州则有胜利宾馆。

　　沙面，广州最具欧陆风情的城心小岛，它亦中亦西，亦古亦今，150多栋各式洋楼，仿佛来自民国的梦幻摇曳在珠江之上。广东胜利宾馆临江屹立，见证着南粤大地的沧桑变幻与广州城的历史变迁。巴洛克式的拱廊浮雕，每一个仰角都散发着穿越百年的气质，而每一个转角，又仿佛可以邂逅百年前的历史烽烟。

　　广东胜利宾馆是一家百年商贸文化主题酒店，始于1865年沙面岛上开设的第一家英式酒店"沙面酒店"，1895年更名为"维多利亚酒店"，1957年由郭沫若先生亲笔题字更名为"广东胜利宾馆"，现为白天鹅酒店集团旗下四星级成员酒店。

　　百年建筑四周绿荫环绕，花香四溢，门口巨大的百年香樟郁郁葱葱，将所有的喧嚣挡在门外，构筑出一方优雅的城市绿洲。踏入宾馆大堂，古色古香的博物馆式摆设和沙面老照片让你瞬间穿越百年光阴，在经典中体验妙不可言的怀旧情怀。地上铺着历史久远的水泥花阶砖，烦冗而华丽的手工透着时光的温润与精致。宾馆还打造了迷你博物馆供参观游览，致力为游客打造特色住宿体验的同时，也让游客体验百年商贸魅力。

宾馆根据百年建筑的房间格局，设置了别具一格的广府文化客房。客房墙面以青花瓷的浅蓝色为主色调，清新淡雅。满洲窗、海棠窗、梅花墙纸随处可见，趟栊门和青花瓷相得益彰，西关情怀与典雅欧陆风结合，现代简约与岭南文化优雅邂逅，为海内外宾客带来全新体验。

古朴的宾馆顶楼设置了现代化的无边际全景泳池，全视野空中健身房，配备国际先进设备设施，为宾馆闲暇时光增添更多的乐趣。

空中健身房

全景泳池

酒店2楼开设西关粤中餐厅，前台接待设在酒店侧门，独立于酒店大堂之外，不叨扰酒店客人。餐厅8:30开始营业，不少本地老饕早早取号候位，体验融入欧陆风情的百年广府滋味。

餐厅为老式建筑设计，大厅宽阔明亮，但与景观拱廊完全分离。拱廊位置特别温馨，每一桌都拥有一大窗的盎然绿荫，让人欣喜不已。在玻璃外林荫苍枝、悠悠河道的陪伴下，三个人不多，两个人刚好。虽然拱廊与大厅隔离，但并没有被忽略，不时有主管和服务生过来看看这里的客人有无需求。从前台接待的主管到服务员，都体现了周到和细致。

西关粤的早茶有口皆碑，既保留传统又有独特的菜式创新。除了饱赏沙面美景，到西关粤餐厅享用正式的粤式茶点和西关美食，亦是一大快事。

西关粤餐厅

金汤燕麦大连鲍

甄选优质大连鲍鱼、燕麦米，搭配8小时熬煮金汤，锅内倒入高汤烧沸，放入大连鲍、淮山、燕麦，用盐调味，待汤汁浓郁，盛出摆盘。

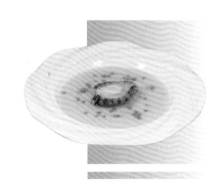

芝士焗大虾

芝士焗大虾，在大虾背部开刀口除去虾线，洗干净，在背部开口处放入师傅的秘制配料再撒上一层芝士屑，烤箱预热5分钟后将大虾放入烤15分钟。出炉的时候飘着奶香味，还保持了虾肉的Q弹和鲜嫩。

冰雪脆肉鲩

脆肉鲩在师傅们的精心浸泡下，口感清爽，将脆肉鲩与清脆的海藻相搭配，可以从视觉上感受到一种清新的感觉。

红烧乳鸽

外酥内嫩，肉质鲜美，入口瞬间汁液调动味蕾，回味无穷。

鲜果金猪件

胜利宾馆厨师突破传统，改良制作工艺，采用电炉烧烤，烤制出来的乳猪皮色金黄，皮层酥脆，入口即化。在乳猪件下加上一块时令水果，肥而不腻，味道清新。

酒店美食星光时刻

第八届西关美食节：西关美食人气店
广州"百佳"餐饮企业
携程美食林"银牌餐厅"
2022年度影响力餐饮品牌

⌓ 嘉逸豪庭酒店：
＼ 天河CBD里梦游童话古堡 ＼

　　每个女孩都有一个公主梦，在美丽的欧洲城堡里，依着高耸的钟楼，携手白马王子来一场梦幻般的旅程。

　　无须到欧洲，更不用梦游童话王国，在广州天河东站商圈，于鳞次栉比、灯火璀璨的摩天大楼间，就屹立着一座欧洲城堡式经典建筑。在这里，每位女神都可化身公主，体验欧陆风情，品味中西美食，让遥远的梦想变为浪漫的现实。

广州嘉逸豪庭酒店坐落于广州市天河区，依傍城市东部交通枢纽广州东站，毗邻全城最具活力的现代化商业中心。酒店外观呈现18世纪欧洲城堡经典建筑风格，隐含创始者尊贵、豪华、活力和追求无限的艺术特质。

嘉逸豪庭酒店拥有148间豪华客房，根据景观、面积、布局划分，房型达13种，适应不同旅行客人的个性化需求。房内布置舒适、典雅、文化气息浓郁，既包含了追求欧洲古典精致之美的执着意愿，又表达了对居住者的体贴和关怀。秉承"金钥匙"的服务理念，以欧陆经典的优雅、细腻的专业精神向客人提供体贴、温馨的个性化服务，全程跟进贵宾的休憩、行程、餐饮、商务需求，将服务的内涵推向极致。

酒店为商务人士提供功能齐全的配套服务：商务中心、多功能会议厅和康体设施，能够满足客户举办小型宴会、商务会议、商品演示和教育培训的不同需求；酒店康体设施完备，配备专业技师，提供包括健身、沐足、穴位按摩、棋牌休闲在内的康体服务。

酒店拥有本地区最具特色的餐厅——逸餐厅，格调幽雅，全天候服务，荟萃地中海美食，让人仿佛在美食文化荟萃的长廊中漫步。逸餐厅由欧阳仁师傅打理，欧阳师傅1994年留学英国，1997年参加伦敦厨艺大赛荣获银奖，是当时得奖者中最年轻的华人，此后多次参加各类厨艺比赛均获多个奖项。多年的入厨经验，使他深谙中西美食烹饪制作之道，对食材的筛选、烹饪的工序、火候的掌握乃至美食的造型摆设都始终精益求精。

餐厅主推传统与创意兼具的粤式风味，承接中小型宴会、私房菜等。必点招牌：珍肝浮皮羹、咸酸菜牛五花、花雕醉鸡醉鹅肝、荷叶糯米蟹、什锦咸汤圆等。

荷叶糯米蟹

"蟹中女神"奄仔蟹膏满黄肥、绵软细滑，犹如流沙奶黄，做成"奄仔蟹糯米饭"，是兼顾保留鲜味与满足口腹之欲的最佳烹饪方法。在荷叶上铺好糯米，待糯米蒸熟后再将切块的奄仔蟹码在饭上，选用3两的奄仔蟹蒸3分钟。奄仔蟹的蟹油和香气充分浸入糯米中，晶莹软糯的米粒沾满了蟹油，糯米蒸得差不多之后，加入由干贝、瑶柱、虾米自调的汁酱和蟹一同蒸焗。入口后满满的香气在唇齿间爆开。

酒店美食星光时刻

主理逸餐厅的欧阳仁师傅曾荣获伦敦厨艺大赛银奖

🛎 华威达商务大酒店：
╲ 梦境天河，追光逐梦 ╱

　　广州天河，有一条追梦之路，名为黄埔大道。它一路向东，串起了体育西商圈、珠江新城CBD、千年石牌村、金融城和黄埔港，连接起广州的过去、当下与未来，成为年轻人追光逐梦的"梦想大道"。

　　华威达商务大酒店屹立于黄埔大道的C位，面朝珠江新城的摩登与璀璨，背靠千年石牌村的从容与底蕴，迎来送往着来自世界各地的旅客，年轻或年长，寻梦或观光。

　　华威达商务大酒店是一家四星级商务酒店，楼高22层，拥有全新装修的典雅舒适客房。有可供800多人同时用餐的凤凰阁中餐厅，27间超时尚装修的豪华包房及宴会厅和多功能会议厅。环境幽雅配备齐全，提供精美的潮粤菜；具有欧陆风情、清幽雅致的西餐酒廊，是好友欢聚、把酒谈天的好去处；酒店康体、娱乐设施齐全，设有27间装修尊贵豪华包房的夜总会、桑拿中心、沐足城、棋牌室、茶艺馆、篮球场、网球场等，让阁下在紧张的商务之余舒展身心，完全符合游客商务和休闲的不同需求。

　　华威达商务大酒店毗邻天河路商圈与珠江新城CBD，是广州东部商圈的核心地带，区位的优越性助力现代商务活动，快速的信息传递与休闲、典雅的酒店服务高度融合。酒店创立之初围绕广州作为国际大都市和国家信息化大都市的发展而立项设计，以"信息化商务酒店"为定位，集商务、IT、运动、娱乐于一体。开业以来，酒店已接待过无数个国内外政府、民间以及商务团体，深受国内外宾客的好评。

　　华威达商务大酒店拥有凤凰阁中餐厅和楚粤楼餐厅。凤凰阁中餐厅是一家传统粤菜酒楼，而6楼的楚粤楼餐厅则是一家闻名广州的湖北菜主题餐厅，由一流楚粤名厨料理，出品楚粤融合菜，鲜辣并举，创意无比，可感受绽放味蕾的味道。餐厅面积超过1000平方米，恢宏大气。11个各具特色的包间、豪华包间让您享受高雅用餐环境。1000平方米以上超大空间，豪华尽显，每一处都彰显着奢华与大气。简约优雅、时尚潮流的风格令人狂爱，满满的浪漫氛围，令人用餐心情愉悦。

舒适静谧的休息区，高品质的沙发、柔软的靠背、梦幻的吊顶、精致的墙面……每一个细节都精致而精美，高端而高雅，现代浪漫风与传统复古情的巧妙融合，是这家中餐厅令人着迷的超级魅力，配置齐全的品茗休闲区，一壶清茶，三五好友，岂不美哉！

古典的酒架上各式美酒琳琅满目，简直是葡萄酒爱好者的天堂！每款都有各自独特的酿制工艺与口感特色，款款都是令人欲罢不能的惊喜。

11个包间风格各异，富有特色，精美字画、木质大桌、皮质餐椅……

古典隆重的风格淋漓尽致，仪式感满满，适合家庭聚会、公司团建、商务应酬等；清新简约的现代风主题包间，时尚潮流，充满文艺感，拍照绝美，满是浪漫气息，适合小姐妹聚餐、情侣约会等。

凤城炒牛奶

炒牛奶是广东一道名菜，很考验软炒技法。先准备好食材（牛奶、鸡蛋、亚麻籽油），把牛奶倒入大碗中，加一勺淀粉，鸡蛋从中间磕破，留取蛋清滴入碗中，调入适量盐，搅匀蛋液。然后，取不粘锅，注入少量亚麻籽油，始终小火，倒入蛋液。最后，用锅铲不断翻炒，蛋液完全炒成絮状时关火即可装盘享用。入口奶香扑鼻，还有咸鲜馥郁的层次，营养与美味双重爆炸，暖心又暖胃。

顺德煎酿鲮鱼

这一道别出心裁的菜，体现了师傅们用心力点化普通食材的创造性。我们来看看师傅是如何画龙点睛地制作食材。

鲮鱼取皮拆骨；把陈皮、马蹄、香菇、花生、香菜、葱、虾仁切末加到鱼肉内，摔打至起胶；将打好的鱼肉重新填回鱼肚子里，下油锅三面煎黄。煎好后起锅；下豆豉、姜蒜末炒香，冲入开水，烧开后加蚝油、盐等调味料；此时再将煎好的鱼放入锅中，加盖焖5分钟；最后调入黄酒、水淀粉收汁即可。食味鲜甜嫩滑，甘香味美。

冻大红蟹

将大红蟹放入淡盐水盆内，令其吐出泥沙，再用清水冲洗干净，洗完装入保鲜袋放到冰箱冷冻层，半个多小时即可；起锅加冷水，将蟹放入，用慢火烧，水开后煨10分钟，熄火再浸5分钟(或旺火隔水蒸15分钟)。将蒜肉、红椒切小粒，放入白醋和清水煮沸，冷却即可；待红蟹冷却后斩件，弃去蟹脚尖、腮和蟹脐，用秘制酱料伴食，大红蟹的每一处都充分入味，好吃得瞬间光盘，壳都得嗦几下。

果仁牛仔粒

青红黄圆椒、洋葱、蒜切成小粒；牛仔粒放盐、砂糖、蚝油、小苏打、黑椒碎腌渍15分钟；放少许油起油锅，再放黄油化开，放蒜片爆香；放牛仔粒，翻炒片刻；放果仁、青红黄圆椒翻炒，再放洋葱，加少许蚝油翻炒几下。淋上料酒盖锅盖片刻即可上锅。精致做法完美展现了牛肉的鲜美嫩滑。牙齿与牛肉的每次触碰，都是味蕾的震撼。

炭烧大响螺

先将响螺洗干净；起炭炉，架起响螺往里喂黄酒，烤后倒出响螺吐出的泡泡杂质，继续喂黄酒烤10分钟左右；火腿切丁，红椒、蒜瓣切末，起锅烧热加猪油少许，爆香蒜末、火腿和红椒，加黄酒少许，生抽、蚝油或者鲍汁炒香，加入高汤烧开倒入碗中备用；用锡纸包住响螺，放置于炭炉上，加入炒好的汤汁，注意保证受热均匀，否则螺壳会裂开；烤制的时候持续加汤汁和汤汁中的料，用小刀给螺肉戳几个洞让它更好地吸收汤汁，汤汁干了继续往里加，最后加满汤汁，待汤汁烤干，烤到螺盖自然脱落后，倒出蒜末、辣椒，掏出螺肉切片。

🍽 燕岭大厦：

＼ 乡野之鲜，梦回山海 ＼

每个人都有两个故乡，一个在梦中，一个在舌尖。

广州燕岭大厦，一个闻名羊城30余年有如家一般温暖的四星级酒店，一个品鉴乡野味道梦回山海的五钻酒家，梦中的故乡与舌尖的故乡不期而遇。因为，乡野的味道，既是山与海的味道，更是故乡的味道。

燕岭大厦是一家集吃、行、游、娱于一体的综合性四星级酒店，隶属于广东省农垦集团，位于广州市天河区燕岭路29号，地处地铁三号线机场北延线"燕塘站"，从B出口前行20米即到酒店门口。燕岭大厦是广州市民耳熟能详的老字号星级酒店，于1987年建成开业，拥有标准房、豪华房、行政房、套房等各种房型270间，近年来投入巨资对酒店客房及所有营业场所进行了全面的装修改造，外观新颖大方，大堂宽敞明亮，客房舒适温馨。酒店更对内部网络系统进行升级改造，实现免费Wi-Fi全覆盖，并通过供暖系统工程改造，实现酒店内"冬季供暖"。

燕岭大厦主营粤、湘、潮、鲁四大菜系，是广州首批"百佳"餐饮企业，食品卫生A级单位，国家特级"五钻酒家"。酒店配有旅行社、出租车队、商务中心、票务中心、美容美发、棋牌室、健身房、休闲中心、歌舞厅、商场、银行、停车场等配套服务，是商务差旅、休闲旅游的理想选择。

为落实国家乡村振兴战略，燕岭大厦中餐厅利用资源优势，将帮扶地区及农垦集团旗下农业企业优质食材引入餐厅，依托粤菜师傅善于博采众长、推陈出新的特点，通过煎、炸、蒸、炒、炖等多种烹调方式，打造了系列特色帮扶菜品，实现厨艺和特色食材的无缝连接。

黔南密语：凉拌黑木耳

属本帮、素斋菜系。口感清淡，酸咸适中，有清理肠胃和排毒的功效。贵州三都水族自治县黑木耳，耳肉色泽黑褐、质地轻盈，口感Q弹、脆中带嫩，每一口鲜嫩，帮扶到"胃"。

锦绣遍野：菜干毛氏红烧肉

精选矮脚黑叶白菜晒干而成，素以"甜、软"出名，品质好，白菜干结实脆嫩、外形完整干爽，搭配燕岭大厦特色毛氏肉香和油脂，变得软绵糯香，五花肉肥而不腻，伴有菜干的甘香，小小菜干滋润了你我的生活。

蘑力十足：茶树菇炒牛柳

三都茶树菇一柄一菌，盖嫩柄脆，味纯清香，高蛋白、低脂肪、低糖，含人体不能合成的8种氨基酸。茶树菇筋道，牛肉嫩滑，经典家常美食也烧出了"帮扶味"。

林中飘香：砂锅焗马桑菌

山区野味素斋菜。口感爽嫩、清香带辣，马桑树上的野生香菇，悠悠菌香、鲜美可口，高蛋白、低脂肪，富含矿物质和维生素，山中的希望，自然的馈赠，这把"致富伞"，你我一同撑起。

大地精华：虫草花炖肉汁

虫草花生长于田间、林下、水涧里，吸收自然界的阳光雨露，经历四季的淬炼洗礼，经过厨师的巧妙烹饪，锁住新鲜与美味，每一口健康食材都是帮扶味道。

满盘翡翠：菇菌桑叶面

取霜降后新鲜桑叶，晒于午后正足太阳之下，选上好麦芯面粉精心配比，匠心熬制而成"翡翠玉面"。细品之下，清新隐隐可闻，无薄荷辛冲，无菠菜寡淡，无水果甜腻，无鲜花浓郁，却独具风味，一尝难忘。

特色五香肉

猪肉采选广垦畜牧集团优质黑加宝土猪。放养的土猪长期以山上植物为食，身体中富含多种营养元素，不但肉质鲜美，还有神奇的保健功效！黑土猪肌肉纤维细，肌纤维密度大，肌内脂肪含量适中，结缔组织含量低，颜色鲜亮，细嫩多汁，肉味香浓，肉品质明显优于其他猪种。

燕岭焗穗香鸡

穗香鸡在营养（蛋白质、维生素、氨基酸含量丰富均衡）、健康（有保健作用）、安全（符合无公害质量标准及有机食品标准）等方面超过了一般土鸡的理化卫生指标，是优质、特色、高档次、营养、健康、安全的新一代家禽珍品。经专家反复品尝、论证和农业农村部权威机构检验，穗香鸡具有以下特点：鸡肉中富含脑黄金（EPA和DHA）和多种人体必需的营

养成分，氨基酸含量比普通家鸡高6%，无任何药物残留，卫生指标符合国际要求，是安全无污染的健康食品；鸡味浓郁兼有"参"味香气，肉质鲜嫩可口，有百食不厌之美称；有养颜、滋补、强身健体等功效。

燕岭牛奶酥

优选牛奶源于省农垦总局旗下的广东燕塘乳业股份有限公司，采用巴氏消毒，营养损失比灭菌牛奶少得多。广东四季如春，牛每天吃新鲜牧草，所以，燕塘牛奶比一般的奶含有更丰富的维生素等营养素。

燕岭手工大馒头

纯手工制作，老面发酵，不添加任何其他发酵材料，根据北方传统工艺，结合岭南口味改良研制而成，面身洁白，口感松软微甜而且劲道，嚼劲儿十足，更透着一股麦香。

酒店美食星光时刻

2005年广州百家餐饮企业
国家特级酒家
改革开放40年广州优秀餐饮品牌企业

🛎 南航明珠大酒店：
＼ 尊享非凡，华丽起航 ＼

冲上云霄，御风而行。航空级的享受，不仅在于英姿飒爽逐梦蓝天，更体现于非一般的商旅、美食体验。

海上丝绸之路起点、"一口通商"的红利、白云机场的通联内外，成就了人流不断、货如轮转的千年商都广州。如果你没有在"世界最繁忙"的空港——白云机场的南航明珠大酒店入住过，就无法体验什么叫作航空级的"飞一般"享受！

南航明珠大酒店是南方航空公司旗下的酒店品牌，坐落于广州市花都区。凭借南航的航空运输资源优势，及成熟的机组酒店保障系统机制，为明珠酒店的宾客提供畅通无阻的值机感受。南航明珠大酒店毗邻广州白云国际机场，坐拥优越地理位置，距离机场仅5分钟车程，距离北站仅25分钟车程，满足你商旅出行需求，优雅绽放，华丽启航。

南航明珠大酒店整体设计时尚典雅，拥有257间豪华客房以及全日餐厅、咖啡休闲吧、多功能会议室、VIP贵宾厅、健身房、棋牌室等，是广州市花都区空港经济区内服务品质一流的高星级酒店，店内集商务休闲于一体，传递商旅休闲新理念，极致享受、品味非凡，开启你的舒适商旅之行。

酒店全区域提供高速无线网络连接，助宾客随时与外界保持畅通联系。40—88平方米的各类型客房完善配备各种符合国际标准插头、50寸液晶电视、迷你冰箱、智能恒温马桶等等。房间内有HDMI接口，笔记本电脑中的信息可以通过数据线输出到电视机屏幕上播放，让你的商务之旅高效轻松。

酒店拥有高级客房、商务客房、豪华客房、南航特色欢乐亲子房、阳光套房、豪华套房，客房采用的双层中空隔音玻璃保障了宾客宁静的休憩环境。客房内采用流行棕色设计，舒适雅致的床品，简约韵致的家私，大气明亮的玻璃窗将花园景观尽收眼底。典雅现代的客房内，整洁的大理石浴室内配有豪华的淋浴设施，巧妙设计的干湿分离的卫浴空间，让宾客卸去一天的疲乏，心情瞬间愉快百倍。酒店客房设有舒适的睡床，柔软厚实的床品，让宾客收获整晚酣眠。客房拥有开阔的视野，感受窗外绿植的清新自然，增添一份舒适、愉悦的入住体验。

如今南航明珠大酒店进一步全面守护宾客入住体验，从预订入住，到退房离店，酒店在前台、电梯间、客房、餐厅等全程深度清洁，每一步让宾客无忧住。从迈入酒店的那一刻起，尊享非凡礼遇、酒店现代化的设施设备、明亮通透的整体空间设计，带给宾客如家般温馨舒适的入住体验，用暖心贴心的服务点亮宾客的每一次旅程。

酒店康体娱乐设施一应俱全，拥有健身中心、羽毛球场及棋牌室等，让身心暂时逃离尘世的烦扰，享受片刻放松与宁静。酒店空中绿地，层层绿植包裹，绿意葱葱，仿佛置身于大自然的抚摸，似在诉说昼与夜的火热与清凉。酒店根据不同节日，在空中绿地布置各色主题氛围装饰灯，打造更适合户外酒会或各类喜庆活动的温馨场所。此外，多个宽敞明亮的宴会厅和会议室，配备了先进的音响设备和会议设施，适合各种大型活动，包括会议、宴会、婚礼等。

或许你经常乘坐飞机穿梭于各个城市间，忙碌处理种种生活、工作琐事，偶尔也想停下匆匆的步伐，安静地品尝一顿集齐各式特色美食的自助餐或精致粤菜。酒店汇聚各种航空级美食，从原材料到出品严守空勤餐食标准，致力于"舌尖上的美味+安全"双重体验。各式包间装修温馨典雅，满足各类商务宴请和亲朋好友聚会。

酒店的厨师团队拥有国际化的视野和独具匠心的烹饪技巧，这里的粤菜用料丰富，口感清甜鲜嫩，无论初来乍到还是熟门熟路，柔滑粥品、广府烧味、老火靓汤都是营养滋补的绝佳选择。无论是正餐、自助餐、下午茶，还是随叫随到的餐饮需求，厨师团队都将为您打造独特味蕾美食之旅。

差旅途经广州，行李繁重，正好去临近机场的南航明珠大酒店用餐，除各式菜肴外，还有美味十足、有助消化的南航明珠独创配方纯手工老酸奶赠送。

蜜汁脆藕片

切工薄如纸片，低温慢炸至酥脆，拌上独特的蜜汁，体验香、脆、蜜、甜、爽、辣融合的曼妙！

爱丽丝梦游仙境

春天般的花团锦簇，健康营养的各种干果仁，拌制奶香四溢的沙拉酱，梦游仙境般美妙！

风生水起捞鸡

广东十大名鸡之列，用清远鸡卤煮成熟入味，冷却后手撕装盘，捞起，讲究"风生水起，顺风顺水"好意头！

金玉良缘

新鲜的基围虾，发酵的黑蒜切片，配以五谷鲜鸡蛋，慢火蒸熟，浇上南瓜金汤，鲜香嫩滑！

粤式糖醋鱼

明珠大厨采用蔬菜天妇罗脆酱挂糊上浆，增加鱼块的酥脆口感，糖醋融合，醒胃鲜美！

像生鲍鱼酥

鲍鱼大小金元宝造型的酥皮点心，层次分明、丰富，入口酥脆、香气四溢，烘焙和油酥界神级的存在！

琥珀剥皮牛

"剥皮牛"实则是一种海鱼，椒盐或是香煎，配上明珠大厨特调的琥珀汁，鲜甜可口！

新奇士橙炖桃胶

清风徐来，桃李争芳，感受橙香绵滑的甜蜜，一起推开三月的大门，赶赴一场春天的盛宴！

 酒店美食星光时刻

中国金钥匙服务精选酒店

广州保利假日酒店：
隐于科创高地的城中秘境

行政总厨刘金波

千帆竞渡，南海神庙依旧雄伟巍峨。海不扬波，海上丝路更为壮阔辽远。

广州东部，黄埔之北，无数葱茏的绿意串起了颗颗科创明珠，林立的高楼折射着科技与未来的耀目光芒。

这里是广州的科创与绿色高地——科学城。高端、魔幻，却又大隐隐于市。

广州保利假日酒店，便隐于一大片苍翠又恰似烈焰的凤凰木间，优雅，且不失热烈。

广州保利假日酒店位于科学城中心区域，步行约10分钟可至地铁6号线暹岗站和21号线科学城站，驱车20分钟可达天河商务中心区、广州火车站东站和琶洲国际会展中心，交通十分便利。酒店毗邻边岗岭公园、狮子岭公园及科学广场，萝岗万达广场与科学城商业广场等购物中心近在咫尺，是商务差旅及休闲出游的不二之选。

酒店共有251间宽敞舒适客房，无论是假日高级房或是豪华套房，旅客们均可端坐房间尽览科学城景色，望绿水青山，美不胜收。房间内均采用金可尔床垫产品，助旅客享受舒适睡眠，放松疲劳。

酒店拥有超过1800平方米的会议场地，包括560平方米的科学厅、420平方米的大宴会厅与7个不同大小的多功能厅，满足多样的会议与宴会需求。酒店拥有多样康体娱乐设施，在3层配有24小时开放的健身中心，按国际标准打造的室内恒温泳池以及儿童设施等，忙于商务或旅途中的你亦可至此享受属于你的健康时刻。

酒店有月色西餐厅（自助与零点餐厅）、御公馆中餐厅，可在月色西餐厅体验多国风味美食，在御公馆品味地道粤菜，尽享休闲时光。

入住广州保利假日酒店，推荐客人在享受酒店配套之余，亦可漫步于科学城各处公园，感受城市森林氧吧的魅力，欢享休闲亲子时光。重点推荐的是品鉴由御公馆中餐厅星厨烹制的科创高地特色美食。

砂锅煎焗鱼头

水上人家家常菜，挑选皮实肉厚胖头鱼，利用东江菜传统手法腌渍，辣椒和黄豆酱增加鱼肉风味，加鸡蛋液包裹鱼头，使鱼肉外皮香脆，内部能保持鲜嫩。再利用广府菜手法以砂锅煎焗，让菜式富有"镬气"，香气逼人、咸香浓郁。

客家粉丝蛋角煲

客家菜种传统菜式，客家蛋角煲烹制的过程虽然简单，但在蛋角的制作上却颇费心思。采用新鲜五花肉、冬菇、马蹄等材料，制作新鲜蛋角，口感既饱满多汁，又香脆浓郁。蛋角煲算是客家菜中较为清淡的一道菜肴了，在尝遍了客家菜肴的"肥、腻、咸"之后，来上这么一碗清淡的高汤，再加上一只只嫩黄金艳的蛋角的点缀，能让客人于品尝美食中感受到轻松、愉悦。

新派水煮鱼

由粤菜理念改良后的川渝名菜"水煮鱼"，使用独家秘方降低红汤红油的辣度，提升香度和鲜度，保持菜品"油而不腻、辣而不燥、麻而不苦、肉质滑嫩"的特点之余，更能体现出食材的美好。

酸菜红味牛肉

这是一道客家风味和川渝风味的融合菜，使用独家秘方红油汤底之余，加入客家酸菜。由于特制红油的平衡度和包容性高于传统川式红油，可以更好地接纳客家酸菜独特的咸酸味。配合轻微腌渍的牛肉片，嫩滑爽口，略带酸香。

鲍汁米萝卜配雪龙牛肉

微甜多汁的白萝卜，经过浓郁鲍汁烹煮，再配以肉质细嫩的雪龙牛肉，构成这一道让人垂涎欲滴的精致菜品。

腊香芙蓉炒东海黄鱼

正所谓金秋腊味正诱人，当腊肉和腊肠遇上鲜嫩肥美的东海黄鱼，味道咸鲜，腊香四溢，唇齿留香，绝对瞬间便征服你的味蕾！

芦笋珍菌煎大元贝

饱满弹牙的大元贝，配以芦笋和各种珍菌，激发出极致鲜甜滋味，使整道菜品清新不腻。

罗宋汁番茄煮红蟹

肥美红蟹，加上维生素丰富的番茄，配以星厨特制的罗宋汁炖煮，蟹肉肥腴，西红柿滑软，蟹鲜柿香，交融和谐，别有一番风味！

香糯板栗焖果园鸡

板栗与果园鸡，经过"咕噜咕噜"的大火焖煮，二者味道相辅相成，板栗香糯，鸡肉鲜滑，汁浓醇厚，却又带有清香而不腻。

金汤煮深海贵妃蚌

金汤自然的黏稠度刚好包裹着肉质肥美的贵妃蚌，使之非常入味。贵妃蚌软滑Q弹，汤汁鲜味，妥妥地让你多吃两碗米饭。

火焰东山羊腿

经本店星厨秘方腌渍，再加调料烘烤而成。成菜羊腿形整，颜色褐红，肉质酥烂，浓香外溢，不膻不腻，佐酒下饭，老少皆宜，实乃肉食美肴之一！

宫廷锅红焖东山羊

一煲热气腾腾的宫廷锅红焖东山羊，膘肥皮薄，肉嫩无膻，皮下脂肪适中肥而不腻，汤味浓稠乳白，气味芳香，味道鲜美！

酒店美食星光时刻

 中国十佳新开业酒店

233

🍽 番禺宾馆：

扒金山、菊花卖，
水乡人的味蕾惦念

都说"食在广州，味在番禺"。

位于珠三角几何中心的番禺"有山可茶，有水可渔，有草可牧，有田可谷"，遍地都是鲜美食材，"扒金山"、菊花卖等特色美食让人停不下嘴。番禺，这个开启两千多年岭南文化的鱼米之乡，到底有多好吃？

到老字号番禺宾馆你就知道了！

番禺宾馆于1979年3月兴建，1980年12月13日正式开业。由番禺乡贤、港澳爱国人士何贤、霍英东、张耀宗、梁昌哲嗣等捐资筹建，是一家环境优美、设施齐全的四星级酒店。

红棉房

　　它同时也是目前番禺地区规模最大的一家园林式酒店，馆内有风格各异的中西式餐厅、咖啡厅、麦当劳快餐店等任君选择，并设有网球场、游泳池、沐足中心、健康桑拿中心等娱乐设施。番禺宾馆也是国家五钻级酒家，是番禺餐饮行业标杆企业，多年来在餐饮品质和服务上一直以"育名师、推名品、建名企"为发展方向，在传承经典粤菜文化的同时，始终坚持创新，凭借优质服务和匠心产品树立了良好的口碑。

　　作为老字号宾馆，番禺宾馆出品多款番禺传统美食。最让海内外番禺人惦念的，便属"扒金山"了！

　　"扒金山"是番禺人创出的一种品尝"土鲮鱼"的吃法。"土鲮鱼"肉质幼嫩鲜美，但缺点是鱼刺较多且细小，吃时容易被卡喉。聪明的番禺人将这种鱼先脱骨，把鱼肉切成薄片，再用手工做成鱼胶，和青菜一起煮来吃，清淡鲜甜又有营养。后来为了方便快捷，就用铜盆装满清水，盆上放一个平台，台面上盛放堆成山状的鱼胶，然后把清水烧开，食客将鱼肉

紫藤房

扒入开水中，当鱼肉熟了就会浮出水面，蘸上胡椒粉、酱油来吃，鲜味可口。因为形状像一个小山，颜色是银色，像银山，为其有更好寓意，就称其为"扒金山"。民间流传一句打油诗"金山银山不如扒金山"，比喻其美味。每年入秋到第二年清明期间，是吃这道菜的最佳季节。

这道特色美食经番禺宾馆精英厨师团队改良后，集传统岭南文化于一身，与现代饮食文化相融合，绽放粤菜文化的独特魅力。番禺宾馆的厨师们用鱼骨等食材精心熬制而成的美味鱼汤代替传统清汤，锁住鱼胶鲜味，使得味道更加浓郁香甜，带给食客对经典美食的全新认知，连续多年在各大美食节上引起轰动，大放异彩，多次成为省、市、区对外接待的一道名菜，是番禺宾馆名副其实的"镇店名菜"。

此外，番禺宾馆亦充分挖掘番禺水乡的丰富食材，推出了一道又一道极具广府风味、中西结合的经典美食，只为给大家带来不一样的视、嗅、味觉体验！

岭南名菜：番禺宾馆光皮乳猪

　　"色同琥珀，又类真金，入口则消，状若凌雪，含浆膏润，特异凡常也。"南北朝时期的杰出农学家贾思勰曾经这样形容一种美食，你能猜出是什么吗？答案就是岭南名菜烤乳猪。番禺宾馆的光皮乳猪荣获中国（广州）金猪烹饪大赛最高奖特金奖，入选番禺美食地标。番禺宾馆烧腊师傅在用传统古法（木炭）烤制的基础上，加以创新发展，烧制出光滑红润、俗称"玻璃皮"的乳猪，拥有甘香酥脆、色泽鲜红、肉嫩鲜滑、口味甚佳等特点。

金奖三式莲藕

　　番禺的莲藕肉厚、鲜嫩、多粉。1997年洞庭湖区举办的全国莲藕优良品种评选大赛，用番禺莲藕磨碎成粉团打到墙壁上，竟能牢牢粘紧墙壁，令众人称奇。金奖三式莲藕这道菜式更考究手工制作功夫，首先选取优质番禺莲藕，用沙盆手工研磨，蒸成藕盏；再用千层酥皮包莲蓉馅料，并用紫菜扎出莲藕形状；最后便是莲藕酿肉胶，三款菜式组成三式莲藕，摆盘讲求岭南水乡艺术气息。

冰爽夏日：各式生猛海鲜刺身

　　番禺宾馆用工匠精神打造"鲜食材好味道"，为你提供生猛海鲜，现捞现做，清新爽口怡人的美味，再挑剔的味蕾也会为之大开。

消暑祛湿：榄仁冬茸鱼茸羹

手工拆鱼，还原食材本味，汤汁浓郁，口感绵密顺滑，不见鱼形却满腔鱼香，是炎炎夏日消暑解腻不二之选。

一盅两件：多样传统点心

鸟语蝉鸣、万木葱茏、一盅两件，这是独属于"老广"的惬意。

"惟有绿荷红菡萏，卷舒开合任天真。"番禺宾馆坚持手工制作传统广式点心，守护每个人心中的味道与情怀。甜品是夏天不可或缺的浪漫，番禺宾馆面包屋囊括多种中式糕点与西式甜点，满足你的多种需求。坚持优质用料，每日推出新鲜美味凤梨酥、鸡仔饼、蹦砂、杏仁酥，香浓酥脆，齿颊留香，深受老饕喜爱。

宾馆菊花卖

招牌点心宾馆菊花卖也凭借色鲜味美、质地爽润广受欢迎。传统干蒸外观呈圆柱状，而番禺宾馆菊花卖选用猪肉和榄仁充分混合并捏成花状，形似菊花，再加上它的体形较小，适合一口一个，所以叫菊花卖。

市桥白卖

市桥白卖，相传始创于清末民初，出自一位市桥谢氏厨师之手。据说，有一年谢氏邀请好友们聚会，选择靓鲮鱼，鲜挞鱼青开锅

"打边炉"。好友们对谢氏挞鱼丸的手艺赞不绝口，其中有一位好友提议，这么鲜美的鱼滑，为何不用它造一道烧卖呢？谢氏回家后，想起好友的一番话，反复推敲，终于悟出利用挞鱼青的技巧，创制出一款用鲮鱼做烧卖的方法。有一天，他正在为改良"白卖"的卖相寻思之际，刚好有一位生得"唇红齿白"的妙龄少女走过，谢氏灵机一动，想到在白色的鱼卖上，再加上一点红色的腊肠片岂不美哉？后来，经过加工试制，一味色、香俱全，味道鲜美的特别烧卖，从此在市桥面世。"唇红齿白"是市桥白卖的特色，它鱼香爽滑，味道鲜美，健康有益，成为番禺的知名特色点心。

香煎番禺米粉

番禺排粉含有丰富的碳水化合物、维生素、矿物质等，具有快速熟透、均匀、耐煮不烂、爽口嫩滑的特点，而且煮后汤水清而不浊并易于消化。因此，番禺生产的优质米粉名声在外，是当时地方政府馈赠给港澳乡亲的特产手信之一。番禺的厨师借助这种优质米粉，创制了"香煎番禺米粉"，其口感丰富、色泽金黄、外脆内嫩，深受广大食客和港澳乡亲的赞赏。

 酒店美食星光时刻

中国酒店品质服务百强

🍽 祈福酒店：
＼ 拥有世界级旅游新地标的星级酒店 ＼

番禺，世界级的文旅地标。

这里亦古亦今，古朴而又现代，底蕴深厚却不失动感活力。

这里有2000年前的莲花山古采石场，这里有800年前的岭南文化沙湾古镇，这里有水乡美食、粤菜之源，这里还有亚洲最大的主题乐园之一的长隆度假区……当然，这里还有坐拥世界级旅游新地标配套的祈福酒店！

祈福酒店位于广州市番禺区市广路，配有设施完善的超大型度假俱乐部，是一家口碑极佳的四星级酒店，毗邻大夫山，空气清新，环境幽雅。2018年3月祈福酒店按照五星级标准完成全面升级，配备324间豪华客房和套房。以国际潮流的简约风格为主，布置精美，充满时代气息。人性化的空间规划及房间设计，温馨舒适，设施一应俱全，令宾客倍感写意、安逸。

　　番禺祈福酒店配有亚洲最大、设施最完善的度假俱乐部。番禺祈福酒店度假俱乐部康体设施占地85000平方米，环境优美，景色宜人。前卫时尚的会所康体设施应有尽有，无论是项目、数量、面积等均是同行业的领头羊。逛吃逛吃、玩耍累了，来这里按个摩、游个泳，顶级享受！番禺祈福酒店俱乐部设有10多间会议室，可容纳10人到2500人，曾为多家国内外知名品牌公司提供优质会议及展览服务，获得空前成功！祈福会展中心宽敞宏大，可供1200人的酒会或2000人筵席，是举办展览会、国际会议、商务会议、展示会、时装表演、宴会及酒会的首选。设计瑰丽堂皇，设施完备的宴会大厅，具有伸缩舞台及专业灯光、音响，可供2000人同时就餐，配合完善的会议及宴会服务设施，令人倍觉称心满意。

　　值得一提的是，酒店对面便是世界旅游体验中心、国际旅游新地标——祈福缤纷世界，以世界旅游体验中心、中国旅游新地标、环球美食之城、精彩夜市之都为定位。这里不仅是大人们狂欢胜地，更是孩子们的欢乐世界！缤纷多彩玩乐项目为孩子们尊贵打造，流光溢彩的巨型天幕、时光隧道、巨型聚宝泉、全华南首次进驻广州的空中滑索、龙卷风大滑梯，简直超级震撼！

　　可以说，入住番禺祈福酒店，便等于到"好莱坞+迪士尼+世界级酒店"痛快玩了一把，因为这里就能满足你游、赏、购、吃、喝、玩、乐、住等一系列需求！

　　来到世界美食之都广州番禺，自然不能错过琳琅满目的中西美食。酒店设有曼克顿西餐厅、祈福轩中餐厅等各式餐厅，为旅客提供环球美食。

曼克顿西餐厅拥有典雅的室内设计，由酒店专业名厨主理，融合各国特色的精致菜肴，打造魅力非凡的美食天堂。

一楼中餐厅祈福轩金碧辉煌，豪华气派，可供300—600人使用，配合完善的会议及宴会服务设施，彰显气派豪华。祈福轩海鲜酒家出品极富特色的广东菜式，全部坚持选用最新鲜的材料，烹饪出让人眼花缭乱的各式美食。作为屹立番禺20余年的老字号，祈福轩以岭南粤菜为主，逢周六日早茶饭市必定满场，也是各位食客品尝粤菜的"打卡"点。

祈福轩海鲜自选超市每天11点新鲜到货，确保送到食客面前的海鲜品质鲜活。时令海鲜任君挑选，品种多样到眼花缭乱：麻虾、竹节虾、龙虾仔、多宝鱼、桂花鱼、笋壳鱼、老虎斑、青斑鱼、龙趸仔、黄丁斑仔、小海螺、大角螺、元贝、蚌仔、鲜鲍、膏蟹、肉蟹……一大波鲜活海鲜来袭，大海的搬运工，海鲜的加工厂，现捞现做，吃出极致鲜美！

每个人都有自己对美食的独特追求，有人坚持白灼是吃虾的最好方式，有人偏爱美极虾。清蒸更能体现鱼的鲜美还是剁椒才能激发鱼的灵魂？龙虾蒜蓉开边蒸喜欢吗？还是你更喜欢盐焗海螺？蟹姜葱炒或原只蒸够不够解馋？你的挑剔味蕾在祈福轩统统可以满足！吃什么你来定！怎么做听你的！

更有融中西美食元素于一体的创意粤菜，让人一试难忘，食过返寻味。

椰子炖鸡

新鲜的硬壳椰子，取乌鸡块放入炖煮，椰子与乌鸡糅合带来了馥郁的香气，补益脾胃，美容养颜。

花椒酸汤海鲜汇

夏季食谱宠儿，酸汤海鲜汇，新西兰青口、鲜鲍、墨鱼仔、节虾、丝瓜、海鲜菇搭配精心熬制的酸辣可口的酸汤，鲜香开胃！

鲜花椒鸡汁蒸鲈鱼

　　鱼肉又嫩又鲜，搭配精心熬制的鸡汁，每每入口都是一种享受，花椒的麻香搭配鲜嫩鱼肉，必试佳品。

缤纷荔枝虾球

　　名厨精心准备，盛夏必点菜，像岭南佳果，又是粤式风味菜。独特的荔枝造型，鲜艳的颜色，让食欲增添几分美味。虾球的肉馅又是别有一番风味，配上蘸酱，鲜香酥嫩。

头抽焗酿鲜鱿筒

　　鱿鱼筒的做法多样，可白灼可煎煮，皆能呈现它的鲜味。

黑椒芥辣风味鳝

鳝的做法层出不穷，清蒸鳝最能呈现鱼肉的鲜
味，祈福轩大厨升级鳝的做法，煎香鳝肉的同时，
搭配黑椒、芥辣做出日式新颖口感。

烧汁煎焗雪花牛仔粒

煎焗雪花牛仔粒甘香有嚼劲，搭配琥珀果
仁，酥脆的口感碰上雪花牛仔的美味，又是一道
味蕾欢宠。

琥珀川汁虾球

虾球的鲜味搭配秘制酱汁，口感鲜香美味，琥珀爽脆酥香可口，混合虾球同吃，搭配鲜蔬彩椒，是祈福必点美味菜。

清香白云卷

翡翠白玉片包裹虾肉，简朴的食材，独特的美味，看似简单，一试难忘。

酒店美食星光时刻

 中国酒店品质服务百强

🛎 碧水湾温泉度假村：

＼ 一池温暖汤，尽品从化味 ＼

180万亩森林环其左右，背倚飞鹅山，幽枕流溪河。

国家AAAA级景区，中国最佳温泉酒店，更有罕见的世界珍稀苏打泉温暖相伴……

身心疲惫难当，不妨趁着假期，暂别城市喧嚣，来一场放松身心的温泉之旅吧！

从化碧水湾温泉度假村便是你的归属之地。广州1小时车程即达，绿树葱茏、碧水环绕、山清水秀，温泉解压，扫去一身疲惫。地处有"广州后花园"之称的"80公里绿色旅游走廊"中心，光是清新无比的空气，便让人心情愉悦！

碧水湾温泉度假村位于从化流溪河畔，地处良口镇流溪温泉旅游度假区，是一家以大型露天苏打温泉为特色，集住宿、餐饮、休闲娱乐、商

务会议、度假等功能于一体的综合性温泉度假村。环境优美、绿树成荫，这里没有汽车废气，也没有杂乱喧嚣，放松身心的假期从此刻开始。环境优、温泉赞、服务棒，自然赢得了许多住客的好评。

一池温暖汤，泡得好温泉。碧水湾温泉是低氡小苏打温泉，富含20种以上有益人体的矿物质与微量元素，出水口温度高达71℃，日出水量4000余吨。碧水湾温泉区拥有30个以上风格迥异、功效各异的温泉池，园林式的设计，具有较高的好玩性与私密性。温泉区还提供免费饮品、青瓜面膜、免费鱼疗，温泉休息厅免费提供面包、饼干、水果、饮品……

作为翻牌率最高的从化温泉酒店，碧水湾拥有超大超全面的温泉区，这里有养生、养颜、欢乐亲子、休闲减压等各式浴区，总有一款适合你！

四味养生池由红花、首乌、防风、菊花组成；强生益智池适合气血虚弱的小伙伴泡一泡；艾叶池远远就能闻到艾叶的味道，艾叶与温泉水相融，从头暖到脚；三味养颜池，一池三味养容颜，三池分别是柠檬池、红酒池、三花池；经典玫瑰花瓣池，红色玫瑰花瓣飘零于温泉池，构成浪漫唯美的沐浴场景；儿童戏水池可以说是孩子们的水上欢乐天地，水上滑

梯、天降瀑布，超多为小朋友们而建造的水上设施；鱼疗池里还能跟成群结队的小鱼亲密接触哦，这里的小鱼天生不怕人，把脚伸进池子里保持不动，就会有小鱼游过来；浮力按摩池内的超声波躺浴设备可以通过物理加压，让人在躺浴的时候产生漂浮感，非常舒缓神经……

住碧水湾客房，美景不打烊。园景客房宽敞明亮，落地窗面向人工湖喷泉，超大观景阳台，举步翠绿入眼，将园中美景尽收眼底。中央空调、液晶电视、舒适床品配套齐全，给你家一般温馨的度假生活。还可以选择入住纽约/巴黎房，童趣又时尚，清晨睡醒拉开窗帘，放眼望去尽是绿水青山，美美地吸上一口新鲜空气，舒畅！还有充满童趣的非洲大草原房，原木色调搭配卡通的图案，小朋友超喜欢，一家几人住，空间也是非常宽敞！

遛娃不用愁，玩出新花样。

每个孩子心里，都住着一个童话王国。在酒店东侧的康体楼内，有个五彩斑斓的童话世界，守护着孩子们的童心童梦。乐园内配备有决明子沙滩、波波池、滑滑梯、阅读角、手工区、电动游戏机、抓娃娃机等儿童游乐设施。

吃货们关注的自然还有美食。碧水湾为住客提供种类丰富的自助早餐，琳琅满目的菜品和甜点，让人目不暇接。除了自助早餐，酒店还专门打造了一个"乌托邦"——德啤广场。德啤广场，位于碧水湾温泉区旁的餐厅，因能够独立酿造各式德国啤酒而命名。黄啤、黑啤、IPA或是无酒精的麦汁，醇厚的酒体和绵密的酒花造就了它们非凡的品质，无论你酒量如何，总有适合的一款。溪畔傍晚的风、烟雾缭绕的温泉、醇厚清冽的啤酒，哪一样不快乐？

度假村内的荔香园、德啤广场，均为旅客提供全球各式特色美食。荔香园以粤菜为主，供应中西式餐饮，在大众点评上入选"食在广州，名不虚传"榜单之首。这里提供美味的地方风味美食，特别是山坑螺、山坑鱼、水库鱼、走地鸡等农家菜。都说"食在广州，味在从化"，曾荣获羊城工匠粤菜金奖的中国烹饪大师王长聪担任碧水湾温泉度假村行政总厨，他将从化本地最为知名的"从化五道菜"，即：流溪大鱼头、泥焗走地鸡、香叶乌鬃鹅、桂峰酿豆腐、吕田焖大肉进行升华，绽放全新味觉。泡过最舒服的含氡苏打温泉，当然更不能错过集美味与"颜值"于一体的"从化五道菜"。

吕田大肉

吕田大肉名千古，色香味美赛"东坡"。赏玩吕田鹰嘴桃花、吕田李花，入住碧水湾，必点非遗美食吕田焖大肉！新鲜出锅的五花腩，爽而不腻，味道香浓，送进嘴中，带来一场味蕾风暴。

桂峰酿豆腐

有句话叫："流溪源头桂峰泉，山水豆腐味最鲜。"桂峰山，海拔1034米，是吕田境内的一座名山，也是从化流溪河的发源地之一，空气好、水质好、土质好，种出来的黄豆粒小皮青，然后是纯手工磨浆，做出来的豆腐特别滑嫩，且不易破碎。正宗的桂峰酿豆腐，精选本地种的黄豆，汇入流溪源头的桂峰泉，手推石磨研磨，味鲜，口感滑嫩！

流溪大鱼头

流溪河水清质纯，碧波荡漾，湖光山色，鱼也特别鲜美，大鱼头更是上品。当地用从化特香的红葱头砂锅炮制。1961年9月12日，郭沫若畅游流溪河时大赞：平生无此乐，饱吃大鱼头。从此，流溪鱼头就成了新中国成立后从化的一道新名菜。这道"流溪大鱼头"以从化独有的红葱头和芫荽梗烹制，将鱼头开边后用姜汁酒精盐、味精、胡椒粉、麻油腌味；将其烧热、下油，再下葱头、陈皮丝用砂煲焗熟；用绍酒增香，酱香浓郁、胶质丰富、美味无穷！更有鱼头佛跳墙、香煎鱼腩、剁椒蒸鱼头、凉瓜焖流溪鱼尾等鱼宴可品鉴。

香叶乌鬃鹅

香叶乌鬃鹅，这道菜用农家养的鹅，配上鸡心黄皮叶、山桂叶，舂烂后加些蒜蓉、自家的糯米酒等，混合做配料，用大瓦煲文火焗好，一揭煲盖，香气袭人，味冠群鹅。有句话叫："黄皮桂叶农家鹅，何处肥鹅能比我？"从化人爱吃鹅，从化的鹅，鳌头镇最出名，地道的鸡心黄皮叶和山桂皮，加上独有的酱料用文火焗而成的香叶乌鬃鹅，香气四溢，绕梁三日。

泥焗走地鸡

泥焗走地鸡，粤语又叫"乞衣鸡"。起源于乞丐把鸡连毛糊上烂泥巴，裹上芋头叶，把泥鸡包好，放入烧热的炉子中烧。炉子渐渐凉了，乞丐把鸡掏出，芋头叶焦了，烂泥巴干硬了。乞丐把泥一剥，泥粘着鸡毛成片拔下，鸡肉奇香无比，一阵香风吹入小村。从此，泥焗鸡的做法就传开了。从化温泉一带含有多种矿物质，就连从化的河沙、泥土都很特别，所以这里的泥焗走地鸡特别好吃。鸡味特别浓，特别香滑，且有韧性。

酒店美食星光时刻

2005年广州市首届百佳餐饮企业
2008年广州市第二届百佳餐饮企业
2009年中国粤菜名店
2009年从化市首届美食文化节"十佳餐饮企业"
2012年广州市餐饮服务食品安全示范单位
2013年中国饭店业优质服务奖
2014年国家五钻级酒家
2015年国家钻级酒家示范店
2016年亚洲品牌五百强
2019年中国单体饭店品质榜TOP150榜首

🍽 广州凯旋假日酒店：
乡野春风，"枫"花雪月

广州从化，温泉之都，"枫"花雪月，一年四季拥有截然不同的绝美景观。

春天，这里有亚洲最大最美的宝趣玫瑰世界的浪漫花海。

夏天，这里有全国最美绿道及"小漓江"流溪河流域的冷冽清泉。

秋天，这里有国家级石门森林公园和流溪河森林公园的片片红叶及清朗秋月。

冬天，这里有温泉、美食、桂峰雪景，以及四星级凯旋假日酒店！

广州凯旋假日酒店是国家特级五钻酒家之一，坐落于从化105国道旁，广州市从化区环市东路168号。酒店从2002年开业至今，驰名省内外20载，置身广州美丽后花园之中，交通便利，往来通畅，山环水绕，竹水苍翠，荔林片片，处处透露出从化如诗如画的大自然气息。酒店利用从化随处可见的乡土、养生食材，为各地游客烹制最具广府味以及地道乡村特色的别致美食，刮起一阵舌尖上的"乡野春风"。

鸿运金乳猪全体

烤乳猪是广州最著名的特色菜，并且是"满汉全席"中的主打菜肴之一。本店名厨精选4—6公斤、皮薄且躯体丰满的小猪，以传统的广府制作方法进行劈骨整理、调酱腌渍、架木定型、淋浆上皮、吹皮晾干，再用优质的荔枝木炭明火耐心烤制而成。制作好后全身色泽红亮犹如琥珀一般，令人垂涎欲滴，吃起来外皮酥脆又入口即化，肉质鲜嫩多汁，肥而不腻，毫无油脂感，甘香酥脆回味无穷！它被全国酒家酒店等级评定委员会评为2017年国家五钻级酒家镇店名菜，是本店的镇店名菜之一。

黄金爽虾饼

选取鲜虾洗净去壳，剥出虾仁挑除虾线，用刀把虾仁拍散而不是剁碎；加入适量的从化本地土猪肥肉细粒以及少量的盐、淀粉、胡椒粉等调料充分混合，拌匀后用力多次摔打至十分黏稠起胶；用不锈钢模具塑形后下锅煎至两面金黄即可，超级弹牙，鲜香爽甜！是本店的镇店招牌菜式之一。

白切从化凤凰鸡

　　白切鸡是粤菜中的经典菜肴，对鸡的质地和汤的要求很高。凯旋假日酒店严格选用生长期230天以上重量在6—9斤的从化本地凤凰鸡，它的所有养殖户统一实行生态养殖、统一鸡苗、统一技术管理、统一品牌销售，放养于从化林地和果园中，以米糠等五谷杂粮、野草、虫蚁为食，喝山泉水长大，每天都在起伏的山坡上蹿下跳，活动量大，生活习性像野鸡一样。将鸡宰好洗净，放入用本地白菜干、菜心干与土猪骨熬制的汤水中以小火浸煮40分钟，前后分时间段吊水3次，令清甜汤汁完全渗入到鸡肉里；浸煮好的从化凤凰鸡抹上古法榨制的花生油，能进一步带出鸡的甘香；然后将整只凤凰鸡斩成大小均匀的厚片，佐配以本地特产红葱头、小黄姜、花生油与酱油调成的蘸料，皮爽肉滑，柔韧有嚼劲，鸡味浓郁，吃过后齿颊留香。本菜充分展现了乡村特色美食的迷人风采，深受本地以及外地食客的一致好评，成为进店必点菜式。

酒店美食星光时刻

 国家特级五钻酒家

♨ 广东温泉宾馆：

╲ 泡极品苏打温泉，享极致国宾美食 ╱

常言道：秋日泡泉，肺润肠蠕，冬日洗池，丹田温灼。

春生夏长，秋收冬藏，四季有别，但养生却是永恒的主题。而到与欧洲瑞士温泉齐名的广州从化岭南国宾馆——广东温泉宾馆洗泡温泉，便是四季养生的最佳优选。

广州从化水质好、水温高、泉景佳，被人们称为"岭南第一温泉"，是世界上仅有二处的珍稀的含氡苏打温泉之一。于风光山色中，独拥一池暖泉，轻松养生，岂不快哉？

广东温泉宾馆位于从化流溪河畔，从广州驱车前往只需要1小时，是华南地区最大的原生态温泉园林国宾馆。广东温泉宾馆是我国最早期的元首接待、冬季疗养基地，老一辈国家领导人都曾光临此地，因此被称为

"中南海冬都"。时光荏苒，如今我们也可以走进温泉别墅群感受伟人足迹，静享温泉滋润，叹世界唯二的真氡苏打温泉，寻伟人足迹，赏翠溪宾舍文献艺术馆，游白石山生命谷，在天医谷"森呼吸"……

温泉宾馆最出名的当属"苏打矿泉水"温泉！这里的温泉含有丰富

的氡，是一种"保健神泉"、温泉中的"极品"，身体浸泡在绝佳天然温泉水里，让氡等一系列对身体有益的微量元素，通过涓涓的温泉渗透进皮肤，在清烟袅袅中感受自然之美，清香沁脾、心情愉悦。

20世纪，广东温泉宾馆不仅名人政要云集，许多享誉盛名的艺术家、大文豪也喜欢到此寻找创作灵感。李可染是我国近代杰出画家、诗人，是画家齐白石的弟子。而《万山红遍》则是李可染在广东温泉宾馆创作的重要代表作。馆内还留下了镇馆之宝——关山月大师的《咏梅词意图》，还有许多知名艺术家留下的墨宝丹青。此外，温泉宾馆还是许多优秀影视作品如《闪闪的红星》《庐山恋》《青春万岁》等的取景地。《庐山恋》以广东温泉宾馆翠溪大楼为背景，在翠溪桥头拍摄了男女主人公谈恋爱夜别的镜头。

　　宾馆内的松园一号是20世纪五六十年代专门接待国家领导人与世界名人的别墅。这个接待过无数伟人的地方，房前有片松林，是20世纪60年代国家领导人和宾馆服务人员一起栽种的。这个沉淀着党和国家领导人历史生活气息的地方，你不来感受一下吗？

　　天医谷养生园位于宾馆松园区内，具有高浓度的"空气维生素"——

负离子，最高可达每立方米68000个负离子！来到这里，你不用思考，只需要呼吸到天荒地老，在这个天然的大氧吧里，不随时随地来一场"森呼吸"，就是辜负了这方洁净的自然氧吧。

温泉宾馆的房间也十分有特色，走出阳台，映入眼帘的是满满的绿，淡黄色的灯光让整体特别温馨。客房接通富含稀有珍贵氡元素的温泉水，足不出户可直接享受顶级温泉的滋养。客房还提供了养生健康枕，泡完温泉后躺在宽敞柔软的床上，枕着安神舒适的枕头，静静地看这好山好水，这神仙生活美得不要不要的！

健康地道又美味的食物，将决定你这一天是否身心愉悦。温泉宾馆的陶然餐厅，主营粤菜和潮菜，开业至今有70周年，是广州地区首届"百

佳"餐饮企业之一,获得"国家级五钻酒家"授牌。温泉宾馆建馆成立初期,主要为"冬休"的中央领导、名人和外国元首、总理等贵宾烹饪,厨师们善于烹饪调配中西餐、南北风味各式美味佳肴以及面点美食等。总厨周礼鹏擅长粤菜的制作,在2017年6月的"世界厨皇大赛中国广州分组赛"中其制作的菜品荣获了特金奖,同年9月在"世界粤菜厨皇大赛香港总决赛"中荣获银奖,其拿手菜有百花酿秋葵、野生芫荽石螺焗鸡等。

紫苏山坑螺

这是一道闻名于吃货圈的从化名菜。选用生长于流溪河流域山涧小溪的从化山坑螺，好山好水成就了其肥美饱满、肉质清甜的特点。用阿婆种下的原生态紫苏，加入青辣椒、辣椒爆炒，吸一口，清香四溢，咬一口，肉质坚实，柔韧可口。

陶然葱头鸡

陶然葱头鸡是餐厅的保留名菜。选用优质走地鸡以白切手法烹制，再以从化本地红葱头与特制酱油、热油调制葱油，淋到鸡肉上，葱油香味扑面而来，让人食指大动！鸡肉结实而充满弹性，脂肪少且鸡皮爽脆鸡肉嫩滑，鸡味浓郁，清鲜醇厚。

百花酿秋葵

用新鲜虾肉剁成虾泥，加入盐、胡椒粉、料酒、淀粉、蛋清搅拌均匀后做成虾胶；把虾胶均匀地填入秋葵中抹平；鸡蛋打散，调少许味，加入上汤搅拌后，先放入蒸柜蒸熟取出；秋葵用碟装放入蒸柜蒸4分钟左右取出，摆放在水蛋面；浇入薄芡，即可上桌。此菜虾肉与秋葵的清香相得益彰，清香爽滑美味，是陶然餐厅的一大特色名菜。

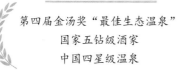

酒店美食星光时刻
第四届金汤奖"最佳生态温泉"
国家五钻级酒家
中国四星级温泉

🍴 广州宾馆：

╲ 览珠江秀水，品"云"上粤味 ╱

　　品读广州，从广州宾馆开始。食在广州，从新故交融兴起。

　　广州宾馆，羊城人称"27层"，是岭南商旅集团旗下一家集住宿、餐饮、会议、商务、旅游、购物于一体的涉外酒店，也是广州旧中轴线上的地标建筑，是千年珠江畔的一颗璀璨明珠。宾馆坐落于市中心环境秀丽的海珠广场，南临珠江，北依越秀山，珠江美景、羊城新貌尽收眼底。

　　作为广州人集体记忆的"27层"由中国工程院院士、建筑大师莫伯治先生设计，是"岭南新建筑"著名代表作之一，在周恩来总理亲切关怀下，于1968年4月落成开业。广州宾馆于20世纪六七十年代一度以楼高冠全国而蜚声四方，亦是广州城的地标性建筑，1989年被原国家旅游局评为首批三星级涉外饭店。宾馆用地面积0.45万平方米，总建筑面积3.6万平方米。拥有27层高的主楼，配有各类客房、风格各异的中餐厅、多功能宴会中心等。

　　2022年，广州宾馆焕新升级，保留深厚历史与文化韵味的特色，以跨业态思维打破传统边界，为这座经典地标注入全新活力，带来品质时尚生活方式，充分探索广州这座"老城市"的"新活力"。

　　广州宾馆齐集耕耘超30年的粤菜大师，源于粤菜，传承创新，曾代表广府乃至中国美食文化，款待来自世界各地的贵宾，满载荣誉。"星厨"们严谨用心，技艺精益求精，以数十年如一日的工匠精神，致敬"食在广州"的金字招牌，烹调舌尖上的岭南美食之旅！

　　酒店中餐厅得云宫是城中享誉盛名的老字号茶居，位于酒店25层、26层，俯瞰珠江一线绝佳景致。从1楼可乘观光梯直达，这也是广州最早的观光电梯。焕新升级的得云宫整体设计以丝竹绿为主色调，以云为主题元素。包间天花上的"积云"灯、墙身上立体激光雕刻的云山画，让人仿佛置身云顶，辅以岭南花窗屏风间隔，还原老广州传统街巷风貌。岭南星级名厨，甄选上好食材，以海纳百川的粤菜文化精髓，演绎地道广府滋味，呈上地道粤式美馔与点心佳肴。另设6间私人包厢，可安享舒谧用餐环境。

得云宫的金字招牌离不开厨师团队的潜心钻研和通力合作。行政总厨吴家泉，入行超过30年，主要擅长粤菜和堂做菜式。在中国，自古便有"食在广州"的俗语，南粤饮食文化丰富深厚且历史悠久，对他影响极深。作为土生土长的广州人，泉哥自幼便对美食充满兴趣。入行后，从学徒到经验丰富的行政总厨，他在一步一个脚印地完成梦想。在泉哥的心目中，"领略食材的特性，感受它们在不同烹饪手法和火候把控下的细微变化，才能做出正宗的粤菜"。除了承袭传统，他从未停止过创新。在泉哥心中，"尊重食材、感受食材"是粤菜的精髓，他对食材的独特见解及处理手法，成就他与众不同的风采。

中餐厨师长梁智彪，从1985年6月起，服务广州宾馆至今已有38年，由普通厨师成长为酒店中餐菜式创作和烹饪的主力大厨，离不开其自身大胆尝试和刻苦钻研的工匠精神。如今，梁智彪师傅凭借在粤菜烹饪创作上的丰富经验和扎实的功底，得到业界的认可和高度的评价。

觅，一处经典传奇；探，一场焕新之旅；品，一口传承滋味。

云宫金莎乳香肉

云宫金莎乳香肉由得云宫中餐厨师长梁智彪潜心研制。精选本地土猪靠近前腿的腹前部五花肉，肥瘦分层比例完美，色泽粉红，以秘制酱料拌匀腌渍。这道菜的关键是两次"下油锅"：先低油温炸至浅黄色成熟后捞出，再将油温提至高温快速炸20秒，这时的乳香肉色泽金黄。撒上金莎粉，甘香酥脆，肉香、酒香、蒜香、南乳香交融，入口脆嫩，让人一块接一块停不下来。

沙湾小黄姜芥蓝吊片

沙湾小黄姜芥蓝吊片2005年开始在得云宫推出，至今一直深受顾客喜爱，是必点的佳肴。选用国内最好的广西北海"穿竹鱿"，色泽金黄、干净透亮，由于在干晒时多用细绳吊挂，在尾部会留下一个穿吊的洞，其他产地的鱿鱼是没有的，所以也叫"吊片"。干鱿鱼在泡发准备过程中非常严谨，首先将鱿鱼浸半小时后去衣，然后马上将鱿鱼打花改成麦穗形，用水冲洗干净，接着用小黄姜汁酒腌渍，搭配品质优良、纤维少、质脆嫩、味鲜甜的江门荷塘芥蓝一起烹制，味道甜鲜爽口。

三味蜜汁鳗鱼球

　　三味蜜汁鳗鱼球用惊艳来形容实在不为过。鳗鱼含有丰富的维生素A，对夜盲症、肺结核、贫血都有辅助治疗的作用，长期食用可以增强免疫能力。鳗鱼球制作过程非常讲究，首先将鳗鱼起骨切件，控水后调味腌渍，用高油温浸炸至刚熟立马起锅，淋上精心调制的蜜汁，口感香脆爽口，不肥不腻。得云宫匠心独制，将蜜汁鳗鱼球创新改良，在制作过程中除了保留传统的制作手法外，增加了蔓越莓酱、桂花酱、蓝莓酱3种秘制汁酱，使其味型更加丰富、更加时尚，让你一次领略多重风味。

毋米粥鲜虾手打鱼滑

　　毋米粥鲜虾手打鱼滑同样蕴藏了得云宫厨师团队的创新和情怀。黄帝始烹谷为粥，2500年前开始粥又作药用，粥的食用和药用功效高度融合，进入了带有人文色彩的"养生"层次。"毋米粥"这个名字听上去像是"没有米的粥",其实是指米汤已经熬到完全看不见米粒,以至于"有米不见米,只取其精华"之意。得云宫的粥水鲜虾手打鱼滑,传承了传统的熬粥手法,加上新鲜的河虾及手工打成的鲜鲮鱼滑配制而成,使其味道达到更高的层次,既具备了米汤的营养又涵盖了食材的荤鲜,还突出了河虾的鲜味、鲮鱼滑的爽滑,是四季必不可缺的特色菜肴,非常适合老人和孩子。

芋角

芋角,是"老广"们在茶楼中经常能吃到的点心,但若要品尝如同蜂巢一般层叠酥化的怀旧芋角,一定要来得云宫试一试。这道点心首先选料要严,精选淀粉质足够的乐昌芋头,蒸熟后才能达到绵化的口感。馅料的搭配非常讲究:沙葛、冬菇粒、叉烧粒、香芹粒、鹅肝酱、花生粒等,加入秘制五香粉调制而成。芋蓉包上馅料后,需经过"五上五下"的油炸过程，且油温十分讲究，考验着点心师傅对油温的把控度。"炸的时候需要用经验判断油温，如果油温太高会把芋角炸得太硬；如果油温太低，芋角则达不到飞丝的效果……"在广州宾馆点心主厨李日洪看来，制作一只芋角十分考验点心师傅的功力，如果选材、备料、包制、油炸任何一个环节失手，芋角就会失去独有的特色。只有用心做出的芋角，才会造型独特，外脆内绵，咬下去酥脆绵软。

牛油果叉烧餐包

　　牛油果叉烧餐包是得云宫传统与创新完美结合的一大力作。叉烧餐包最初改良自叉烧包，结合了西式餐包的烘焙做法，中西合璧成就了经典之作。而得云宫的牛油果叉烧餐包，秉承粤式点心传统，同时加入时尚创新元素，将新鲜牛油果榨汁掺入面粉，绿意盎然更提了一层鲜香气。新鲜出炉的餐包，轻轻掰开，饱满到藏不住的叉烧馅料忍不住地"滑"出，散发出阵阵叉烧的香味，表皮柔软内馅香浓，惊艳味蕾。

锦鲤杨枝甘露

如果你是甜品控，那得云宫的锦鲤杨枝甘露一定是你不能错过的。杨枝甘露是一道经典港式甜品，起源于20世纪八九十年代。得云宫精选新鲜的杧果和西柚，调入新鲜牛乳，所有材料按照黄金配比，口感酸甜，牛奶香滑，果肉丰富，营养满分，其中的杧果和西柚能补充人体所需多种维生素，好吃又健康，加上小小西米，软糯弹牙，劲道有嚼劲，入口细腻浓稠，无论是色泽、口感、营养，堪称整体搭配完美！而那条栩栩如生的锦鲤，一定让你锦鲤附体，愿望成真。

酒店美食星光时刻

国家首批三星级涉外饭店
广州市"百佳"餐饮企业

🍽 莲花山粤海度假村酒店：
＼ 舌尖上的莲味，江河海三鲜相遇 ＼

世人爱莲之出淤泥而不染，濯清涟而不妖。于是周敦颐《爱莲说》经典名句传唱千年，以莲花为名的名胜古迹层出不穷。

番禺莲花山，涤荡着珠江狮子洋的浩瀚烟波，氤氲着"莲花胜景"的素雅与清新气息。在这里，不同品种的荷花千姿百态绽放色彩，它们静静伫立在鲜嫩的荷叶上，恬静而优雅。屹立于莲花峰顶的莲花山粤海度假村酒店是大湾区唯一一个莲花主题的度假村，从建筑、文化到美食，无一不洋溢着莲花唯美清雅的独特气质。

莲花山粤海度假村酒店位于番禺莲花山旅游区内，坐落于历经2000年历史的古采石矿场之巅。酒店极具迷人瑰丽的岭南特色，背靠古朴巍峨的莲花塔，面向烟波浩渺的狮子洋，建筑与自然和谐融合，自成风景。居于其间，赏日出日落，看船来船往，梦花开花落，听渔舟唱晚，让心灵放假……三栋莲花仿生的建筑物，与国内知名的望海观音互相辉映，结合房内的充满艺术氛围的壁纸和宽敞的室内布局，令每位客人入住后都能享受到尊贵而殷勤的服务，同时酒店房间拥有各种景观的露台，将莲花主题演绎得淋漓尽致。

御景阁餐厅

　　酒店中餐厅——御景阁餐厅位于莲花山粤海度假村酒店A座4楼，可容纳35围餐桌，其中私人包房13围，大厅22围，可供350位宾客用餐。餐厅采用自然采光环保设计，独特的莲花灯装饰，精致的红砂石雕，华丽的牡丹地毯，处处彰显富丽堂皇。

莲花宴

　　每年6月至9月的莲花旅游文化节期间，粤海度假村酒店推出的莲花宴用莲子、莲芯、莲须、莲藕、莲叶、莲梗、莲蒂、莲蓬等作食材，与各式海鲜、河鲜及有机蔬果巧妙搭配，深受食客喜爱。莲花茶茶色金黄，甘甜醇香；莲花鸡皮滑肉嫩，散发莲花的清香；锦绣莲花拼盘与九品香水莲同食，更觉爽脆、鲜美………

花山水起

手工雕制的西瓜寓意着"风生水起"的好兆头，5朵高低不同的花在厨师的精心雕饰后，变成一幅满满的莲塘风情画，花朵拥抱着酸辣藕芽、烧鳗鱼、牛肝菌、卤水鲍鱼、卤水螺肉、熟虾等珍馐美馔，像一朵朵千姿百态的莲花在竞相绽放。干冰升华的瞬间，宛如仙境般烟雾缭绕，便有了"不与桃李争春风，七月流火送清凉"的幻想。

香水莲花鸡

满塘盛开的莲花，四野飘香花醉人，将天上凤凰都吸引下来，沉睡在莲花瓣上。用莲花调汤浸制的方法，保留鸡肉的原味也释放出莲花独有的味道，那般滋味只有吃过的人才懂得！

酒店美食星光时刻

亚运会指定接待酒店

🍽 中华酒店：

╲ 饮和食德，尽在中华 ╱

中国心，中华情，岭南味。来到岭南，不品鉴一顿地道的、充满中原遗风的粤菜，何以感受浓浓中华情？

粤菜源自华夏发源地中原，传承了孔子所倡导的"食不厌精，脍不厌细"的中原饮食风格，堪称舌尖上的"中华情"。具有清、鲜、爽、嫩、滑特色，"五滋六味"俱佳的粤菜，最传承中华传统的菜式莫过于源自周代"八珍"美食的煲仔饭、烤乳猪，源自宋朝名菜烤鸭的广式烧鹅，以及从中原传到广东后演变出的虾饺、干蒸烧卖等广式点心！

而在广州花都，一家以"中华"为名的酒店，更是将"中华情，岭南味"演绎得淋漓尽致。中华酒店位于广州市花都区中心繁华的站前路，交通极为便利，是花都首批"食品卫生A级单位"酒店之一，并荣获中国饭店协会颁发的"餐饮名店"称号。中华酒店是花都区唯一使用山泉水作为食用水的酒店，可谓是"天天鲜山泉"。巧手粤菜，名贵佳肴，水平卓越的精美点心及时令新鲜的自选菜谱，让阁下尝遍中华美食。

酒店装饰富丽堂皇，拥有标准客房、套房和豪华商务套房共45间；设备豪华，环境典雅舒适。别具特色的中餐厅、茶皇厅和咖啡廊，荟萃中国的风味美食，配合细致殷勤的专业服务，必能令每位宾客称心如意。现代华丽的锦绣中华会议厅和多功能宴会厅，餐位800个，配套设施一应俱全，为不同需要的宾客提供高水准的多元化服务，是宴请宾客，举办会议的理想之所。

店内设有空中花园，可谓是繁华生活中的一片净土，令宾客身心放松，尽享休闲。此外，酒店还设有停车场、商务中心等其他多项设施，为每一位宾客提供宾至如归的尊贵服务。

"饮和食德，尽在中华。"作为花都的老字号，从2003年开业至今，古色典雅的装潢、独具匠心的出品和勤勉热情的服务，致力于向宾客们展示浓厚的岭南饮食文化。

青芥辣烤牛仔骨

精选优质的牛仔骨，先烤至两面微微焦香，再加上特调的青芥辣酱烤至九成熟，整个过程非常考验火候的控制。肉质甘香，酱汁独特，美妙的味道在舌尖上流连，难怪它能成为"花都金牌菜式"，餐桌上的必点菜品。

一品雪花牛

这可谓是中西合璧"新煮意"的一个出品。选取肉质肥美鲜嫩的雪花牛切粒，先用黄油将牛肉粒每个面都煎至金黄，再搭配时令青菜和水果沙拉。牛肉粒的嫩滑多汁、时蔬的爽脆清甜搭配沙律的酸甜可口，口感香而不腻，诠释了一种崭新的美味。

芝士焗龙虾仔

　　这道菜对原料的要求非常讲究，选用新鲜的龙虾仔，配合调制的芝士酱焗制而成。鲜爽的虾肉与浓香的芝士酱在口腔里融合，醇香的口感实在令人钟爱难忘。

酒店美食星光时刻

中国饭店协会餐饮名店

恒胜华悦客家文化酒店：
品河塘之鲜，感受客家乡愁

客家，中华民族一支传奇的民系，一路向南，走过两千年的岁月，从中原来到南粤，从客家变成主人，也把客家人"以客为家"的坚强包容、随遇而安的达观致远变成了异乡打拼人共同的心灵感应。

广州花都是洪秀全的故乡，客家人的聚居地之一。客家精神在这里得到了弘扬与升华，客家文化化作了山野之根、河塘之鲜、田园之美，再幻化成"舌尖上的乡愁"，深深扎根在花都的文化基因里。

在花都，有一家以"客家文化"为IP的地标酒店——恒胜华悦客家文化酒店，它用古朴典雅诠释客家精神，用鲜活美好烹制客家味道，用热情好客演绎客家气质，在所有异乡人心中掀起了思乡的涟漪。

这家位于花都区新华街建设北路128号的酒店，坐拥花都步行街的繁华热闹，兼具"大隐隐于市"的静谧！融现代化的设计，大气典雅，夹杂着北欧简约的情调与客家文化的底蕴，提升了整个空间的质感，闹中取静，在浮生中"偷"得了这一份闲，这一刻享受在清幽淡雅的环境里，多么地惬意、自然和舒适，仿佛制造出了一个美丽的精神世界。

宽敞的空间，凸显奢华气息，宾至如归的服务，将从你踏进大门的那一刻就能感受到。设计的轻奢风格，是时尚的潮流，随处一拍便是一张写真照，灯光的照射形成许多个小光斑，照耀在客人的身上，宛如从这里登场。

　　体验客家文化，让酒店回归到居家的本质。酒店拥有温馨、干净、享受、舒适的环境，数百平方米的气派大厅，几十间干净整洁的客房，更像是为客人打造了另一个温暖的家！房间内尽显优雅的中国风，高挑的空间，素雅而明亮，配以品质极佳的原装家具。

　　酒店非常注重顾客的入住体验，客房的一桌一椅、一灯一画，都能捕捉到主人的细致与用心，让你进入房间就能感受到舒适和放松。温馨的氛围营造得很足，卧房大气整洁、床品柔软干净，低调又考究的配色，沉稳中又透出活力，风格典雅大方，布局舒适实用。舒适的大床既能拥你入怀，带给你惊喜和温暖，亦能给疲惫的你一个足够安静下来、慢慢疗愈身心的空间。房间的卫浴干湿分区，入夜，洗一个热水澡，放上一首轻音乐，融入夜晚，尽情享受惬意时光。淋浴间还配备热带雨林花洒，享受多种沐浴体验。

　　酒店餐厅是花都闻名遐迩的老字号客家菜天花板。在这个追求新鲜感的时代，它或许没西餐厅有情调，也没网红店般时尚，但它的客家味道，却陪伴了一代又一代花都人。餐厅以浓郁的客家风情为特色，格调气息典雅古朴的客家传统装修，服务一流，集传统与创意于一体，连器皿和摆盘都别具一格。设有多个大小、风格不同的包间、大厅，质感与舒适共存的用餐氛围，大型宴会、请客吃饭、生日聚会……满足各种场合的多种需求！

　　当然比环境更有技艺的还是菜品，每一道菜都汇聚了厨师的匠心，如同一道道艺术品摆到餐桌上来，不但精美有型，而且色香味全。精雕细琢的菜品，传承出对美食的感悟，品质食材结合时下潮流口味，调配出鲜掉眉毛的美味，再挑剔的食客都恨不得舔了盘子方休。

恒胜餐厅以客家菜系为特色，在花都早就成了不少人心中的宴会地点，升学宴、尾牙宴、婚宴……见证了不少人生命中的高光时刻。恒胜的后厨团队来自各大星级酒店，客家菜品研发与烹制造诣上乘，出品一直稳定在花都天花板水准。店里80%的食材来自韶关客家山区，保证客家味、原生态、好食材！

传统手撕盐焗鸡

客家人的饭桌上，绝对少不了盐焗鸡，恒胜所用的是走地鸡，肉质紧致而不韧，皮脆且Q弹。当走地鸡碰撞粒粒分明的海盐，再遵循百年工艺的焗制，现腌现焗，再裹上糯米纸在原始天然的粗海盐里做高温桑拿，底子靓还这么努力，这样的鸡哪有不红的道理？从盐堆里掏出后，撕开就爆汁，皮薄，肉嫩，连骨头都有味！尤其记得要蘸秘制的沙姜蘸料，去腥之余十分提鲜！有味的骨头要好好吮一吮，手指上的鸡汁也要舔干净。有皮有肉有汤汁，鸡味直击灵魂！

客家煎酿豆腐

这道菜几乎是每桌必点，分量也是超级足，吃完还想吃！坚持选用客家山区好黄豆，用山泉水浸泡，每天新鲜自磨，嫩滑无比。再用半肥瘦肉、香菇和鱿鱼剁成馅，酿入豆腐中，放入油锅两面煎成金黄，即可上桌。煎酿豆腐软、韧、嫩、滑、鲜、香。酿豆腐全身呈浅浅的金黄色，浇汁厚薄适中、轻盈透亮。外皮软韧，里面豆腐嫩，肉馅滑，一口下去舌尖立即感受到美妙的滋味，柔嫩的豆腐加上鲜美的肉馅，回味无穷。

翁源莲藕煲

出自翁源特产之一：莲藕。莲藕粉甜、肉质咸软，放入肥肉后，猪油、猪肉的浓香与藕香相互成就，莲藕吸收汤汁的精华后变得更加松软可口。

爸爸菠萝包

老婆饼里没有老婆，但是恒胜的菠萝包真的有菠萝！酥软香甜，每天新鲜出炉！蓬松感杠杠的，一口下去软软糯糯，趁热吃才能感受到外酥里嫩的超然甜蜜！

全猪煲

这是一道"从头到尾"的美味体验。全猪煲由粤北客家山区农户人工喂养的农家土猪肉制成，肉质纯净香甜，不腥不腻，配上来自粤北的山泉水，经过特定的手法熬制，一道凸显食材原来味道的全猪煲便可送上餐桌，百分百健康原生态的好食材，吃一块浓香扑鼻的猪肉，心满意足！

东方丝绸大酒店：
食在广州，味在丝绸

千年商都广州，是海上丝绸之路的始发地。早在1000多年前，东渐西风便吹遍了千帆竞发的珠江两岸，中西合璧的经典粤菜，与一路向西的丝绸、陶瓷、广彩，由此发端并闻名世界。

广州东方丝绸大酒店是由广东省丝绸纺织（集团）公司与香港Easyfact公司合作经营的酒店。酒店位于广州市东风东路，交通便利。主楼高26层，设有中餐厅、宴会厅及具备各类接待功能的大小会议室。附设商务中心，航空售票处，卡拉OK、美容美发、桑拿中心，棋牌室等配套设施。海上丝绸之路见证了一座城市的兴起与繁荣，而东方丝绸大酒店则见证了粤菜的味觉升华。

中餐厅丝绸茶楼设在酒店二楼，环境舒适、食材新鲜，供应近100款点心、数十种经典粤菜，在这里，早茶、午市、晚市都能满足你！街坊公认，这里饮茶吃饭"抵食"又实惠，堪称"粤菜人气酒家"。在这里，所有"地道粤菜"一览无余，受到无数街坊捧场！环境温馨大气、宽敞且

"逼格"满满，交通也十分便利，聚餐、团建、约会等都是不错选择！无论在大厅还是包厢，干净整洁的环境，华丽的琉璃灯罩，装潢各不相同，处处都是享受。

认准这几"味"，才算没白来。丝绸茶楼的后厨团队均出自知名酒家，有数十年粤菜经验，无一不讲究秉承传统、融入创新，用地道娴熟的手艺，才能创造出与时俱进的正宗粤菜。

深井烧鹅

深井烧鹅吃得多，那到底什么是深井烧鹅呢？深井指的是烧鹅的一种独特形式，先在地上挖出一口干井，下堆荔枝木，井口横着铁枝，烧鹅就用钩子挂在这些铁枝上，吊在密不透风的井中慢慢烧烤。烤制出来的烧鹅皮又薄又脆、肉带汁水，配上一小碟酸甜的料汁上桌，金黄的色泽和诱人的香气就能让人食指大动，欲罢不能。

丝绸茶楼脆皮五花肉

烧肉常见，但丝绸茶楼的脆皮五花肉就是不一样。是金黄酥脆，是外酥里嫩，每一口都是嘎嘣脆。师傅通过多重工艺烤制，既锁住了花肉中瘦肉的肉汁，又让其中的脂肪去油。此菜品是店里的销量top1。

沙姜猪手

沙姜还真是个好东西——它辛香伐气，甚于甘松香，多用于食物的调味，有利于消食止痛。所以，就是猪手食多了也不怕，有沙姜帮着消化呢。爱肉肉的朋友一定会喜欢它，色泽红润、皮酥肉嫩、入口香滑，用油炸过以后油腻全无，配上新鲜蔬菜食之，那特有的沙姜香味令人回味无穷。

广式蜜汁叉烧

丝绸茶楼蜜汁叉烧是现做现卖的，入口爽嫩，咸香入味，嚼在嘴里又略带一些回甜的滋味，食材精选肥瘦相间的土猪肉，放入秘制腌料，腌制12小时左右后，由经验老到的烧腊师傅掌控烤制火候，切块装盘后为保证入口滋味不减，加上一朵小火温着。那丰腴香嫩的口感，让很多人都说吃过之后很难忘了。

金沙脆皮豆腐

金沙脆皮嫩豆腐油香酥脆，咸香下饭，豆腐细腻温柔，一口一口享受绽放在味蕾间的丰富口感，一改内酯豆腐Q弹水嫩的形态，外表薄脆内里嫩滑。咸蛋黄的加入，使豆腐金黄诱人增添鲜香滋味，让人吃过还想吃。

酸汤无骨鱼

要说到有什么让人念念不忘的食物，丝绸茶楼的酸汤无骨鱼算一个，爽滑细嫩的鱼肉配上浓郁的汤底，酸辣热乎好不过瘾，鱼肉吸收了浓郁的汤汁，一口下去酸辣鲜香在口中炸开，说是味觉的盛宴也不为过。

广轩大厦：

城央绿洲，岭南味道

古萌帆影体验城央湿地潮起潮落，花洲古渡沐浴环湖花海欣赏三塔倒影，一湖六脉感受小桥流水岭南风韵。

作为全国最大的城央湿地公园，海珠湖坐落于广州"新中轴"南端，串联起珠江新城、广州塔、大学城等璀璨明珠。而在这面积达11平方千米的城央绿洲一侧，坐落着从装潢到味觉都充盈着岭南特色的准四星级酒店广轩大厦。

广轩大厦（广东广轩大厦酒店管理有限公司）隶属于广东省出版集团有限公司，是一座集客房、餐饮、会议、培训、休闲娱乐于一体的商务型酒店，坐落于广州大道南端、洛溪大桥西北侧，面临珠江，位于繁忙的广珠高速公路与南环快速干线交汇处，临近洛溪大桥和海珠客运站，靠近地铁2号线南洲站和3号线沥滘站，交通十分便利。

广轩大厦设施先进齐全，主楼高88米，共23层，拥有豪华行政套间、豪华双人间、豪华单人间等各类客房共279间，视野宽阔，可欣赏珠江美景。会议区域由9个不同规模的会议室组成，分别配有先进的音响系统和先进的会议设备，可满足各种规模和形式的会议及宴会需求。拥有风格各异的餐厅3间，餐位600多个，可迎合宾客多样化的宴会需求。拥有多元化的休闲娱乐设施，包括网球、篮球、羽毛球、乒乓球场，游泳馆及健身房等运动设施。广轩大厦内部装饰典雅，具有岭南文化特色，客房配有精品图书，书香气息浓郁。

3楼的广轩餐厅是名扬海珠的网红餐厅，集早餐厅和正餐厅于一体，中餐主厨及糕点师傅具有多年星级大厨经验，出品堪比五星级酒店！

广轩乳鸽

广轩乳鸽最大的特色是皮脆、肉嫩、骨香、鲜美多汁，轻轻咬上一口，先是香脆的皮被咬开，然后是一阵浓烈的肉香，浓香中带有轻微的甘甜，而且肉因为嫩而具有非常的弹性，当你的嘴离开鸽子的时候，要小心鲜美的肉汁会滴下来。精心烹制的"广轩乳鸽"，因皮脆肉滑、鲜嫩味美受到顾客喜爱，成为广轩餐厅特色食品。

广轩烧鹅

　　广轩烧鹅吃到嘴里，可谓是满口酥香、外皮焦嫩、内藏卤汁、肥而不腻；皮、肉、骨三者连而不脱，皮香、肉香、骨香、汁香混合在一起，简直就是绝味，要是再配上广东人爱吃的"酸梅酱"蘸食，风味更是锦上添花，绝了。

过桥鱼片汤

　　"过桥"食法源自我国滇南地区，以过桥米线为代表，其做法是先煮滚浓汤倒入碗内，盖上一层鹅油保温，再把生的食材放入碗内烫熟。广轩过桥鱼片，做法是把鱼切薄片，放在碗底，撞入滚烫的鱼汤，把鱼片烫至刚熟，加入香料调味，把鱼肉的清、鲜、爽、嫩发挥得淋漓尽致、潇洒脱俗。

虾皇饺

广轩虾皇饺是点心中的"特点"，用传统工艺纯手工制成的水晶皮，外表晶莹剔透，口感鲜香，虾仁脆嫩，食之令人难忘。

榴梿酥

金黄诱人的榴梿酥以新鲜榴梿果肉配制软滑馅心，配以层次分明、异常松化、做工精细的酥皮，令人食指大动。作为广东早茶中常有的一道美味，吃完后淡淡的榴梿味让人"榴梿"忘返。

星级	酒店名称	地址	电话
白金5星	花园酒店	广州市越秀区环市东路 368 号	(020) 83338989
5	中国大酒店	广州市越秀区流花路 122 号	(020) 86666888
5	白天鹅宾馆	广州市荔湾区沙面南街 1 号	(020) 81886968
5	东方宾馆	广州市越秀区流花路 120 号	(020) 86669900
5	广东亚洲国际大酒店	广州市越秀区环市东路 326 号之一	(020) 61288888
5	白云宾馆	广州市越秀区环市东路 367 号	(020) 83333998
5	广州香格里拉	广州市海珠区会展东路 1 号	(020) 89176498
5	广州南丰朗豪酒店	广州市海珠区新港东路 638 号	(020) 89163388
5	广州建国酒店	广州市天河区林和中路 172 号	(020) 83936388
5	嘉逸国际酒店	广州市天河区天河北路 468 号	(020) 87540088
5	广州海航威斯汀酒店	广州市天河区林和中路 6 号	(020) 28866868
5	广州富力丽思卡尔顿酒店	广州市天河区珠江新城兴安路 3 号	(020) 38136688
5	广州富力君悦大酒店	广州市天河区珠江新城珠江西路 12 号	(020) 83961234
5	广州圣丰索菲特大酒店	广州市天河区广州大道中 988 号	(020) 38838888
5	广州 W 酒店	广州市天河区珠江新城冼村路 26 号	(020) 66286628
5	广州星河湾酒店	广州市番禺区番禺大道北 1 号	(020) 39936688
5	科尔海悦酒店	广州市番禺区清河东路 288 号	(020) 34628888
5	星河湾半岛酒店	广州市番禺区南村镇新基村沙溏禺东端星河湾半岛酒店	(020) 39983333

5	广州南沙大酒店	广州市南沙区海滨新城商贸大道南二路 1 号	(020) 39308888
5	广州凤凰城酒店	广州市增城区广园东路新塘路段广州碧桂园内	(020) 82808888
5	广州增城保利皇冠假日酒店	广州市增城区新塘镇沿江大道 18 号自编之二	(020) 32898888
5	广州金叶子温泉度假酒店	广州市增城区白水寨风景区	(020) 82829999
4	广州大厦	广州市越秀区北京路 374 号	(020) 83189888
4	广东迎宾馆	广州市越秀区解放北路 603 号	(020) 83332950
4	华厦大酒店	广州市越秀区侨光路 8 号	(020) 83355988
4	凯旋华美达大酒店	广州市越秀区明月一路 9 号	(020) 87372988
4	远洋宾馆	广州市越秀区环市东路 412 号	(020) 87765988
4	广东大厦	广州市越秀区东风中路 309 号	(020) 83339933
4	流花宾馆	广州市越秀区环市西路 194 号	(020) 86668800
4	三寓宾馆	广州市越秀区三育路 23 号	(020) 87756888
4	珀丽酒店	广州市海珠区江南大道中 348 号	(020) 84418888
4	新珠江大酒店	广州市海珠区滨江东路 795 号	(020) 34255335
4	广州十甫 VOCO 酒店	广州市荔湾区第十甫路 188 号	(020) 81380088
4	广东胜利宾馆	广州市荔湾区沙面北街 53 号	(020) 81216688
4	嘉逸豪庭酒店	广州市天河区林和中路 148 号	(020) 38840968

4	华威达商务大酒店	广州市天河区黄埔大道西 499 号	（020）38908888
4	燕岭大厦	广州市天河区燕岭路 29 号	（020）37232318
4	南航明珠大酒店	广州市花都区新白云国际机场内南工作区空港五路	（020）86138868
4	广州保利假日酒店	广州市黄埔区科学城揽月路 99 号	（020）22009999
4	番禺宾馆	广州市番禺区市桥街大北路 130 号	（020）84822127
4	祈福酒店	广州市番禺区市广路	（020）34710088
4	碧水湾温泉度假村	广州市从化区御泉大道 353 号	（020）87842888
4	广州凯旋假日酒店	广州市从化区江浦街河东环市东路 168 号	（020）62161333
4	广东温泉宾馆	广州市从化区温泉镇温泉西路 38 号	（020）62163198
3	广州宾馆	广州市越秀区起义路 2 号	（020）83338168
3	广州市番禺莲花山粤海度假村有限公司	广州市番禺区石楼镇西门路 123 号莲花山旅游区内	（020）84862788
3	中华酒店	广州市花都区站前路 33 号	（020）86822222
3	恒胜华悦客家文化酒店	广州市花都区新华街建设北路 128 号	（020）36883888
3	东方丝绸大酒店	广州市越秀区东风东路 752 号	（020）87762888
3	广东白云城市酒店有限公司	广州市越秀区环市西路 179 号	（020）86666889
3	广轩大厦	广州市海珠区沥滘振兴大街 9 号	（020）84174688

广州星河湾酒店

大堂吧欢迎饮品一杯

（茶 / 软饮，仅限堂食）

【寻味广州：星级酒店粤菜美食指南】赠券

有效期至 2023 年 12 月 31 日

广州星河湾酒店

客房升级礼券

（1 间 1 晚，适用升级至城堡江景房）

【寻味广州：星级酒店粤菜美食指南】赠券

有效期至 2023 年 12 月 31 日

广州星河湾酒店

真粤中餐厅尊享

9.5 折

【寻味广州：星级酒店粤菜美食指南】赠券

有效期至 2023 年 12 月 31 日

广州星河湾酒店

真粤中餐厅代金券

¥100 元

【寻味广州：星级酒店粤菜美食指南】赠券

有效期至 2023 年 12 月 31 日

使用说明

1. 适用门店：广州星河湾酒店（大堂吧 1 楼） 020-39936688；

2. 使用时段：周一至周日，10:00-22:00；

3. 有效期截止至 2023 年 12 月 31 日；

4. 电子核销码是享用本商品的重要凭证，不补办、不挂失、不兑换现金及找赎，酒店仅对持有有效消费凭证的客人提供相应的产品与服务；

5. 该券不得与其他优惠、专享折扣及其他礼券同时使用；

6. 该券已包含服务费，请在消费前向酒店员工提供电子券的二维码或券码进行核销使用；

7. 该券不开具发票。

使用说明

1. 适用门店：广州星河湾酒店 020-39936688；

2. 使用时段：周一至周日；

3. 有效期截止至 2023 年 12 月 31 日，适用全渠道客房预订，请务必提前 3 天致电酒店预约，视酒店房态，按酒店实际确认为准；

4. 电子核销码是享用本商品的重要凭证，不补办、不挂失、不兑换现金及找赎，酒店仅对持有有效消费凭证的客人提供相应的产品与服务；

5. 该券不得与其他优惠、专享折扣及其他礼券同时使用；

6. 该券已包含服务费，请在消费前向酒店员工提供电子券的二维码或券码进行核销使用；

7. 该券不开具发票。

使用说明

1. 适用门店：广州星河湾酒店（真粤中餐厅一楼、二楼） 020-39936688；

2. 使用时段：周一至周日 07:30-14:00，17:30-22:00；

3. 有效期截止至 2023 年 12 月 31 日，请务必提前 1 天致电酒店预约；

4. 该券仅适用线下消费，不适用烟、酒、海鲜及特价菜；

5. 电子核销码是享用本商品的重要凭证，不补办、不挂失、不兑换现金及找赎，酒店仅对持有有效消费凭证的客人提供相应的产品与服务；

6. 该券不得与其他优惠、专享折扣及其他礼券同时使用；

7. 请在消费前向酒店员工提供电子券的二维码或券码进行核销使用；

8. 该券不开具发票。

使用说明

1. 适用门店：广州星河湾酒店（真粤中餐厅一楼、二楼） 020-39936688；

2. 使用时段：周一至周日 07:30-14:00，17:30-22:00；

3. 有效期截止至 2023 年 12 月 31 日（法定节假日不适用），请务必提前 1 天致电酒店预约；

4. 该券仅适用线下消费，单笔消费满 300 元限使用一张，不可叠加使用，不适用烟、酒、海鲜及特价菜；

5. 电子核销码是享用本商品的重要凭证，不补办、不挂失、不兑换现金及找赎，酒店仅对持有有效消费凭证的客人提供相应的产品与服务；

6. 该券不得与其他优惠、专享折扣及其他礼券同时使用；

7. 请在消费前向酒店员工提供电子券的二维码或券码进行核销使用；

8. 该券不开具发票。

广州南沙大酒店

SPA 护理代金券

¥**200**元

【寻味广州：星级酒店粤菜美食指南】赠券

有效期至 2023 年 12 月 31 日

广州南沙大酒店

中餐厅代金券

¥**100**元

【寻味广州：星级酒店粤菜美食指南】赠券

有效期至 2023 年 12 月 31 日

新珠江大酒店

代金券

¥**100**元

【寻味广州：星级酒店粤菜美食指南】赠券

有效期至 2023 年 12 月 31 日

广州宾馆

得云宫餐饮优惠券

¥**30**元

【寻味广州：星级酒店粤菜美食指南】赠券

有效期至 2023 年 12 月 31 日

使用说明

1. 适用门店：广州南沙大酒店（康乐中心） 020-39308888；
2. 使用时段：周一至周日 13:00-18:00；
3. 有效期截止至 2023 年 12 月 31 日（法定节假日不适用），请务必提前 2 天致电酒店预约；
4. 该券仅适用线下消费，单笔消费满 400 元限使用一张，不可叠加使用，不适用特价产品；
5. 电子核销码是享用本商品的重要凭证，不补办、不挂失、不兑换现金及找赎，酒店仅对持有有效消费凭证的客人提供相应的产品与服务；
6. 该券不得与其他优惠、专享折扣及其他礼券同时使用；
7. 请在消费前向酒店员工提供电子券的二维码或券码进行核销使用；
8. 该券不开具发票。

使用说明

1. 适用门店：广州南沙大酒店（二楼牡丹风味大厅） 020-39308888；
2. 使用时段：周一至五 07:30-14:00，17:30-22:00；
3. 有效期截止至 2023 年 12 月 31 日（周末及法定节假日不适用），请务必提前 1 天致电酒店预约；
4. 该券仅适用线下消费，单笔消费满 300 元限使用一张，不可叠加使用，不适用烟、酒、海鲜及特价菜；
5. 电子核销码是享用本商品的重要凭证，不补办、不挂失、不兑换现金及找赎，酒店仅对持有效消费凭证的客人提供相应的产品与服务；
6. 该券不得与其他优惠、专享折扣及其他礼券同时使用；
7. 请在消费前向酒店员工提供电子券的二维码或券码进行核销使用；
8. 该券不开具发票。

使用说明

1. 此券仅于本酒店内住房抵现金使用，仅适用于豪华房及以上房型；
2. 消费满 500 元可使用优惠券一张；
3. 优惠券不含税、不找零、不兑换现金，撕毁无效；
4. 此优惠券不可与其他优惠活动同时使用；
5.《中国进出口商品交易会》展会期间禁止使用；
6. 此券最终解释权归酒店所有。

使用说明

1. 此券用于得云宫 26 楼大厅下午茶和晚饭市散点；
2. 2 席以下（含 2 席）使用，法定节假日（含重阳节）不作使用；
3. 此券面值 30 元，消费满 100 元可以使用优惠券一张，以此类推（特价、海鲜、烟酒、茶位、服务费消费金额不参与优惠）；
4. 此券不兑换现金、不设找赎，不作外卖使用，不与其他优惠同享；
5. 此券抵扣金额不开发票；
6. 有效期至 2023 年 12 月 31 日。

广东胜利宾馆

中餐厅代金券

¥100元

【寻味广州：星级酒店粤菜美食指南】赠券

有效期至 2023 年 12 月 31 日

广东胜利宾馆

延迟退房礼券

1张（1 间 1 晚）

【寻味广州：星级酒店粤菜美食指南】赠券

有效期至 2023 年 12 月 31 日

广东胜利宾馆

单人早餐券

1张（搭配客房使用）

【寻味广州：星级酒店粤菜美食指南】赠券

有效期至 2023 年 12 月 31 日

广州香格里拉

餐饮代金券

¥100元

【寻味广州：星级酒店粤菜美食指南】赠券

有效期至 2023 年 12 月 20 日

使用说明

1. 查看券号：关注【广东胜利宾馆】公众号，点击菜单【我的订单－商城订单】，进行查看；
2. 使用时段：周一至日 08：30-14：00，17：30-21：30；
3. 有效期截止至 2023 年 12 月 31 日（法定节假日不适用）；
4. 该券仅适用线下消费，使用金额限度为：每桌满 1000 元使用 1 张，不适用烟、酒、海鲜、特价菜及团餐消费；
5. 电子核销码是享用本商品的重要凭证，不补办、不挂失、不兑换现金及找赎，酒店仅对持有有效消费凭证的客人提供相应的产品与服务；
6. 该券不得与其他优惠、专享折扣及其他礼券同时使用；
7. 请在消费前向酒店员工提供电子券的二维码或券码进行核销使用；
8. 该券不开具发票；
9. 用餐地址：广东胜利宾馆（二楼西关粤中餐厅） 020-81216688。

使用说明

1. 查看券号：关注【广东胜利宾馆】公众号，点击菜单【我的订单－商城订单】，进行查看；
2. 适用门店：广东胜利宾馆 020-81216688；
3. 使用时段：延迟至 14：00 退房；
4. 有效期截止至 2023 年 12 月 31 日（大型展会、法定节假日不适用）；适用全渠道客房预订，请务必提前 3 天致电酒店预约，视酒店房态，按酒店实际确认为准；
5. 电子核销码是享用本商品的重要凭证，不补办、不挂失、不兑换现金及找赎，酒店仅对持有有效消费凭证的客人提供相应的产品与服务；
6. 该券不得与其他优惠、专享折扣及其他礼券同时使用；
7. 该券已包含服务费，请在消费前向酒店员工提供电子券的二维码或券码进行核销使用；
8. 该券不开具发票；
9. 以上相关内容，如有变动以酒店实际情况为准。

使用说明

1. 查看券号：关注【广东胜利宾馆】公众号，点击菜单【我的订单－商城订单】，进行查看；
2. 图片仅供参考，以上相关内容，如有变动以酒店实际情况为准；
3. 使用时段：周一至日 07：15-10：00；
4. 有效期截止至 2023 年 12 月 31 日（大型展会、法定节假日不适用）；适用全渠道客房预订，请务必提前 3 天致电酒店预约，视酒店房态，按酒店实际确认为准；
5. 电子核销码是享用本商品的重要凭证，不补办、不挂失、不兑换现金及找赎，酒店仅对持有有效消费凭证的客人提供相应的产品与服务；
6. 该券须搭配客房使用，不得与其他优惠、专享折扣及其他礼券同时使用；
7. 该券已包含服务费，请在消费前向酒店员工提供电子券的二维码或券码进行核销使用；
8. 该券不开具发票；
9. 适用门店：广东胜利宾馆（三楼圣利菲西餐厅） 020-81216688。

使用说明

1. 此券可用于妙趣咖啡厅、夏宫中餐厅、滩万日本料理和东南小馆午餐及晚餐时段，乐排馆晚餐时段；

2. 此券可用于餐厅现场堂食门市价消费满 RMB300 元使用一张，同一个餐厅每桌限用三张；

3. 使用此券须提前一天致电 020-89176498 预订，并说明使用此券；

4. 使用此券不能与酒店其他优惠、折扣、礼券和香格里拉会员积分兑换消费同时使用；

5. 此券不适用于中国法定节假日和节日期间，仅限餐厅大厅散台使用；

6. 此券有效期至 2023 年 12 月 20 日。